普通高等教育"十二五"通信类专业规划教材

手机检测与维修

项目教程

主　编　张学义

副主编　赵双乐　孙胜利

参　编　刘文霞　王旭东

主　审　刘慎忠　王维才

机械工业出版社

本书分为七个项目，前两个项目分别介绍了手机产品的日常生产、维修流程和 GSM 移动通信系统的基本概念、基本技术；项目三介绍了手机元器件的识别、拆装及常用故障诊断仪器和设备的使用方法；项目四和项目五围绕 GSM 手机电路的工作原理和 L7 手机故障分析与检修进行模块化讲述；项目六和项目七着重阐述了摩托罗拉 3G 手机 Morrison 的各个功能电路组成、工作原理和故障分析方法。

本书特色鲜明，按照认知规律，结合手机日常生产实际流程多层次多角度介绍手机维修技能；内容涵盖面广，包括大量实践技能训练，理论知识与技能训练有机结合；采用了典型机型，极具代表性；故障分析方法和维修实例都取自生产一线，翔实而准确，具有很强的实用性、真实性和职业性。

本书适用于本科和高职高专通信工程专业学生学习，也可供相关专业的师生和工程技术人员参考。

为方便教学，本书配有免费电子课件、习题答案、模拟试卷及答案等，凡选用本书作为授课教材的学校，均可来电（010-88379564）或邮件（cmpqu@163.com）索取，有任何技术问题也可通过以上方式联系。

图书在版编目（CIP）数据

手机检测与维修项目教程/张学义主编 . —北京：机械工业出版社，2015.5

普通高等教育"十二五"通信类专业规划教材

ISBN 978-7-111-48063-1

Ⅰ . ①手… Ⅱ . ①张… Ⅲ . ①移动电话机 – 检测 – 高等职业教育 – 教材②移动电话机 – 维修 – 高等职业教育 – 教材 Ⅳ . ①TN929.53

中国版本图书馆 CIP 数据核字（2015）第 055612 号

机械工业出版社（北京市百万庄大街 22 号 邮政编码 100037）
策划编辑：曲世海 责任编辑：曲世海 冯睿娟
版式设计：霍永明 责任校对：张晓蓉
封面设计：陈 沛 责任印制：乔 宇
北京机工印刷厂印刷（三河市南杨庄国丰装订厂装订）
2015 年 6 月第 1 版第 1 次印刷
184mm×260mm · 13.5 印张 · 2 插页 · 339 千字
0 001—2 000 册
标准书号：ISBN 978-7-111-48063-1
定价：32.00 元

前　言

　　移动通信系统诞生至今发展迅猛，不断演进变迁。作为移动通信系统的终端设备，手机最初只是单一的语音通信工具，至今已发展成为承载各种应用和业务的平台，其软硬件性能在不断提高，也越来越智能化。

　　本书汇集了一线教师和一线维修技术人员的经验和智慧，在市级精品课程"手机检测与维修"校本教材的基础上重新编撰，增加3G、4G的相关概念和3G手机维修的关键技术，针对应用型本科、职业教育服务区域经济发展的指导思想，遵循"循序渐进、因材施教"的原则，以任务为导向，构建模块化教学载体。

　　全书分为五部分：认识篇、基础篇、实践篇、原理篇和应用篇，共包含七个项目，前两个项目分别介绍了手机产品的日常生产、维修流程和GSM移动通信系统的基本概念、基本技术；项目三介绍了手机元器件的识别及检测与测试测量仪器和设备的使用方法；项目四和项目五围绕GSM手机电路的工作原理和L7手机故障分析与检修进行模块化讲述；项目六和项目七着重阐述了摩托罗拉3G手机Morrison的各个功能电路组成、工作原理和故障分析方法。

　　本书共包括十一个技能训练，完全符合实训教学要求，真正贯彻了"学中做、做中学"的思想，建议技能训练学时要不低于理论学时。

　　本书由张学义任主编。实践篇、原理篇和应用篇由张学义编写；认识篇由赵双乐、孙胜利编写；基础篇由刘文霞和王旭东编写。本书由原摩托罗拉（天津）电子有限公司刘慎忠、王维才审定。编写过程中，参考了手机厂家的生产资料，在此一并表示感谢。

　　鉴于手机技术发展迅猛，编者水平有限，书中难免有错误或不足，恳请读者批评指正。

编　者

目 录

前言

第一部分 认 识 篇

项目一 认识手机日常生产和维修流程·· 3
　任务一 认识手机产品生产流程··· 3
　　1.1.1 手机装配流程··· 5
　　1.1.2 手机自动测试技术··· 6
　　1.1.3 手机生产质量控制··· 9
　任务二 ANA 工作流程——故障分析和排除·· 11
　　1.2.1 故障分析实例·· 11
　　1.2.2 故障维修条件和一般步骤··· 13
　技能训练 手机日常生产流程认识··· 19
　习题一··· 19

第二部分 基 础 篇

项目二 GSM 移动通信系统基本概念··· 23
　任务一 移动通信系统简介··· 23
　　2.1.1 移动通信系统种类、特点和应用·· 24
　　2.1.2 GSM 移动通信系统基本组成·· 26
　任务二 GSM 空间接口技术简介·· 27
　　2.2.1 GSM 空间接口相关概念·· 28
　　2.2.2 GSM 无线路径传输中的基本概念·· 30
　　2.2.3 呼叫的建立·· 32
　习题二··· 32

第三部分 实 践 篇

项目三 手机元器件识别与检测·· 35
　任务一 手机电路元器件识别与检测··· 35
　　3.1.1 电阻·· 36

3.1.2　电容 ··· 37

3.1.3　电感 ··· 38

3.1.4　二极管 ··· 39

3.1.5　晶体管 ··· 42

3.1.6　场效应晶体管 ··· 44

3.1.7　电声器件 ··· 46

3.1.8　集成电路 ··· 48

3.1.9　模块和组件 ··· 49

3.1.10　功率放大器 ·· 49

3.1.11　接口件 ·· 50

任务二　L7 手机芯片组认知 ·· 50

3.2.1　L7 手机基带电路结构 ··· 51

3.2.2　基带芯片组 ··· 51

3.2.3　射频芯片组 ··· 54

技能训练一　手机的拆装与片式元器件的识别和检测 ······················· 55

任务三　数字万用表的使用 ·· 56

3.3.1　数字万用表的面板布置 ·· 57

3.3.2　数字万用表的基本测试技术 ···································· 58

技能训练二　数字万用表使用训练 ·· 60

任务四　数字示波器的使用 ·· 61

3.4.1　示波器的选择和正确使用 ······································ 62

3.4.2　数字示波器的基本测试技术 ···································· 63

技能训练三　数字示波器使用训练 ·· 66

任务五　频谱分析仪的使用 ·· 67

3.5.1　频谱分析仪面板布置 ·· 68

3.5.2　Agilent E4403B 频谱分析仪基本测试技术 ························ 70

技能训练四　频谱分析仪使用训练 ·· 71

任务六　无线射频通信测试仪 HP8960 的使用 ······························ 72

3.6.1　无线 RF 通信测试仪基本使用方法 ······························ 72

3.6.2　无线 RF 通信测试仪 GSM 移动台测量项目 ······················ 76

技能训练五　无线射频通信测试仪使用训练 ································· 81

技能训练六　表面贴装元器件拆焊工具使用训练 ····························· 81

技能训练七　拆焊 QFP 封装 IC ·· 83

技能训练八　拆焊电阻、电容和晶体管等小型元器件 ······················· 85

技能训练九　拆焊屏蔽罩和加焊虚焊元器件 ······························· 86

技能训练十　拆焊 BGA 封装 IC ·· 87

第四部分　原　理　篇

项目四　GSM 手机电路基本组成 ··· **91**

任务一　GSM 手机主板电路组成认知 ··· 91

4.1.1　GSM 手机整机电路组成 ··· 91

4.1.2　GSM 手机主板电路组成 ··· 92

任务二　GSM 手机电源电路和逻辑电路认知 ································· 93

4.2.1　GSM 手机电源电路组成及其功能 ····································· 94

4.2.2　GSM 手机逻辑电路组成及其功能 ····································· 94

4.2.3　GSM 手机逻辑电路应用——实现手机开机 ························ 97

任务三　GSM 手机射频电路认知 ·· 102

4.3.1　射频发射电路 ·· 103

4.3.2　射频接收电路 ·· 106

4.3.3　频率合成器 ··· 109

习题四 ·· 112

第五部分　应　用　篇

项目五　L7 手机故障分析与检修 ·· 115

任务一　音频电路故障分析与检修 ··· 116

5.1.1　L7 送话电路工作原理与故障分析 ···································· 116

5.1.2　L7 受话电路工作原理与故障分析 ···································· 118

5.1.3　L7 振铃电路工作原理与故障分析 ···································· 120

5.1.4　L7 耳机电路工作原理与故障分析 ···································· 121

技能训练一　送话电路故障检测维修 ·· 124

技能训练二　受话电路和振铃电路故障检测维修 ·························· 125

技能训练三　耳机电路故障检测维修 ·· 127

任务二　SIM 卡电路故障分析与检修 ·· 128

5.2.1　SIM 卡电路工作原理 ··· 128

5.2.2　SIM 卡电路故障分析 ··· 130

技能训练四　SIM 卡电路故障检测维修 ······································· 130

任务三　键盘电路故障分析与检修 ··· 131

5.3.1　键盘电路工作原理 ·· 132

5.3.2　键盘电路故障分析 ·· 134

技能训练五　键盘电路故障检测维修 ·· 134

任务四　显示电路故障分析与检修 ··· 135

5.4.1　L7 手机显示电路工作原理 ··· 136

5.4.2　L7 手机显示电路故障分析 ··· 137

技能训练六　显示电路故障检测维修 ·· 141

任务五　照相电路故障分析与检修 ··· 142

5.5.1　L7 手机照相电路工作原理 ··· 142

5.5.2　L7 手机照相电路故障分析 ··· 143

技能训练七　照相电路故障检测维修 ·· 145

任务六　不开机故障分析与检修 ··· 146
　5.6.1　L7手机开机关键信号 ··· 146
　5.6.2　L7手机不开机故障分析 ··· 149
技能训练八　不开机故障检测维修 ··· 150
任务七　接收电路故障分析与检修 ··· 151
　5.7.1　L7手机接收电路工作原理 ··· 152
　5.7.2　L7手机接收电路故障分析 ··· 153
技能训练九　接收电路故障检测维修 ··· 155
任务八　发射电路故障分析与检修 ··· 156
　5.8.1　L7手机发射流程 ··· 157
　5.8.2　L7手机发射故障分析 ··· 157
技能训练十　发射电路故障检测维修 ··· 159
习题五 ·· 160
项目六　Morrison手机电路 ·· 161
任务一　Morrison手机介绍 ·· 161
　6.1.1　Morrison手机简介 ·· 161
　6.1.2　Morrison手机外观结构 ·· 162
　6.1.3　Morrison手机电路组成 ·· 164
任务二　Morrison手机电路分析 ·· 165
　6.2.1　Morrison CIT电路 ··· 165
　6.2.2　Morrison射频电路 ··· 174
习题六 ·· 188
项目七　Morrison手机故障分析 ·· 189
任务一　Morrison手机CIT电路故障分析 ······································ 189
任务二　Morrison手机RF电路故障分析 ······································· 193
习题七 ·· 200
附录 ··· 201
附录A　手机日常生产流程报告格式 ··· 201
附录B　手机故障检修报告格式 ··· 202
附录C　手机常用中英文对照 ··· 204
参考文献 ·· 206

第一部分

认 识 篇

项目一

认识手机日常生产和维修流程

学习目标

◇ 了解手机产品生产流程；
◇ 了解手机质量控制手段；
◇ 认识 Analyzer 的生产职责；
◇ 认识 ANA 工作流程。

工作任务

◇ 参观学习手机生产制造流程；
◇ 参观学习 ANA 工作流程；
◇ 书写手机制造流程参观报告；
◇ 书写手机故障维修流程报告。

移动通信产业在近几年得到了飞速发展，随着 4G 牌照的发放，第四代移动通信终端也进入了市场。终端手机为使用者带来了前所未有的快捷和方便，作为集通信和多媒体功能于一身的高尖端电子通信设备，它的生产过程是怎样的呢？这里我们通过手机制造商日常手机生产流程来简单介绍一下，希望能满足大家的好奇心，更希望读者能通过这部分的介绍对手机的维修产生兴趣，培养实践技能，掌握一技之长。

任务一　认识手机产品生产流程

学习目标

◇ 了解手机产品生产流程和生产质量控制手段。

工作任务

◇ 参观学习手机生产制造流程；

◇ 书写手机生产制造流程参观报告。

在手机制造工厂，手机产品生产制造流程如图1-1所示。

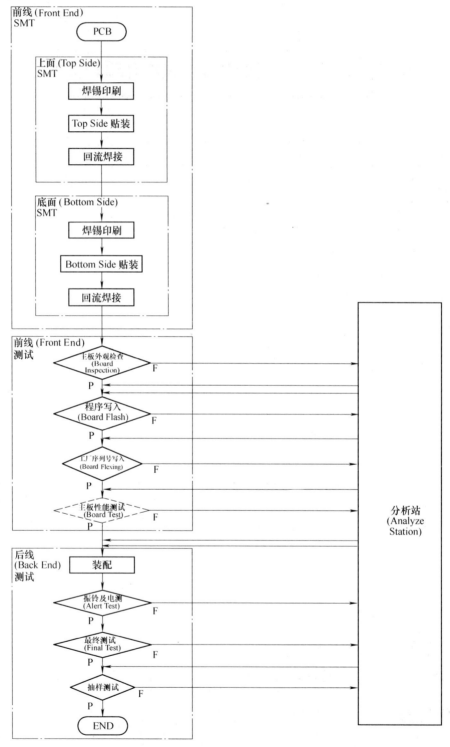

图 1-1 手机产品生产制造流程图

1.1.1 手机装配流程

手机生产有两大核心工序，即手机电路主板装配（PCB 装配）和性能测试，后者包括主板测试和整机测试。

一、手机电路主板装配

PCB 被投放到生产线上，先进行上（Top）面的 SMT 贴装并进行回流焊接，然后经过相同的底（Bottom）面贴装焊接过程，形成手机电路主板。

说明：各品牌与各型号手机的装配生产流程可能会有差别，例如有的芯片要采用封胶工艺装配，如图 1-2 中点画线框所示，所以要加入相应生产工序。

图 1-2　手机产品生产流程示意图

二、手机性能测试

在手机生产过程中，性能测试包含有主板测试和整机测试，整机测试又称为综合测试，包括用户操作界面测试、调整测试（点测）和天线测试。各项测试主要围绕充电和电量检测、接收性能、发射性能、呼叫的建立等方面。性能测试工序主要由以下几个测试站完成。

（一）主板外观检查（Board Inspection）

生产线对手机主板进行主板外观检查（Board Inspection），发现元器件外观缺陷将送至返工手焊维修处维修。诸如：冷焊（Cold Solder，CS）、连焊（Solder Short，SS）等装配工艺缺陷。还包括：焊锡不足（Insufficient Solder，IS）、多余焊锡（Excess Solder，ES）、元器件歪斜（Skewed Part，SP）、元器件翘起（Tombstone Part，TP）、元器件移动（Misaligned Part，MP）、元器件放反（Reversed Part，RP）、元器件丢失（Part Missing，PM）、元器件错误（Wrong Part，WP）等。

（二）程序写入（Board Flash）

手机主板经过 Board Flash 站，向手机中写入主程序。如果手机中贴装的 Flash ROM 已经写入了程序，此站将被省略。此站下线手机板将由负责 Board Flash 站的分析员（Analyzer）分析。

（三）工厂序列号写入（Board Flexing）

手机主板在 Board Flexing 站被写入工厂序列号（Factory Serial Number）等用于后继测试的工厂信息。下线手机由负责 Board Flexing 的分析员（Analyzer）进行分析。

（四）主板性能测试（Board Test）

手机主板进行主板性能测试即 PCB 测试（Board Test），根据生产与测试流程的不同，此过程可与后面的最终测试（Final Test）合并。下线手机由负责 Board Test 的分析员（Analyzer）分析。

PCB 测试主要是对刚完成贴片的 PCB 进行相关参数的校准以及相关项目的测试，以检验该 PCB 是否合格。参数校准是完成接收和发射通道的打通。具体校准过程围绕下列部分进行：

1）首先进入校准模式。

2）校准参考电压（VREF）。

3）测试并校准发射通道，分为：自动频率控制（AFC）测试和发射功率（TX_POWER）的调整，其中 TX_POWER 调整又分为发射功率控制（POWER_RAMP）和发射功率幅值（POWER_SCALE）。

4）测试并校准接收通道，分为 IQ 基带测试和 RSSI 接收信号强度测试。

5）测试功率等级（POWER_LEVEL）和相位误差（PHASE_ERROR）。

6）退出测试模式。

（五）振铃及电测（Alert Test）

手机装配为整机后，进行振铃及电测（Alert Test），即对手机的用户操作界面进行测试。下线的手机由负责 Alert Test 的分析员（Analyzer）分析。

（六）最终测试（Final Test）

在结束 Alert Test 站的测试后，手机进行最终测试（Final Test），也称为调整测试（Phasing Test）。下线手机由负责 Phasing 的故障分析员（Analyzer）分析。

调整测试是通过模拟用户拨打、接听电话，手机主呼和被呼，电池电量检测，充电管理和控制等实际手机使用情况对手机的整体电性能进行测试，以检验手机的工作性能是否达到 GSM 标准规范。在此还完成手机天线以及天线匹配电路测试，以确保手机天线性能良好。天线耦合测试（即天线与天线片之间通过空气耦合的方式进行测试）是非接触方式，容易受到外界各种电磁波干扰，需要将手机放在屏蔽箱内进行测试，且对屏蔽箱的屏蔽要求相对较高。

（七）抽样测试

质量检验部门（QA）需要对生产出的手机进行抽样测试以保证质量，手机入库装箱待出厂。

手机性能测试是手机生产制造的重要环节，是调整手机工作参数和检查各项性能指标的保证手段，进而改善手机性能，提高手机产品质量。不同手机生产企业测试流程和测试时间会有差异，但是主要测试流程和测试内容都是相似的，测试站的名称会有所不同。

1.1.2 手机自动测试技术

手机性能测试靠综合自动测试系统来完成，测试系统包括硬件测试设备和软件测试程序。与自动测试技术相区别的是手动测试技术不通过计算机显示和软件控制，而是直接手动改变综合测试仪的参数来对手机的射频指标进行测试，这种手动测试方法主要在手机研发以及射频故障的确认和维修中采用。

一、综合自动测试系统的搭建

综合自动测试系统硬件设备包括以下几部分。

（一）计算机主机

采用工控计算机，保证工作稳定可靠，安装测试软件，通过 GPIB 卡、GPIB 总线与无线射频测试仪以及可编程稳压电源相连，通过测试软件控制使 GPIB 卡、无线射频测试仪、稳压电源三者测试同步。

（二）GPIB 卡

在工控计算机上安装 GPIB 卡，并通过 GPIB 总线连接无线射频测试仪和可编程稳压电源，组成测试系统，使得测试和测量工作变得快捷、简便、精确和高效。

（三）无线射频测试仪（Agilent HP8960）

无线射频测试仪是测试手机射频通信的关键仪器，简称"综测仪"，主要作用是模拟一个 GSM、CDMA 或 WCDMA 基站，发射和接收信号并能同时进行双向的呼叫通信测试，对收发信号进行分析处理，并将测量结果通过 GPIB 总线输出至 PC 显示器上。该设备能手动操作，手机在安装测试专用 SIM 卡后能够接入到仪器所设置的频段上，并进行双向的呼叫通信，综测仪的这种工作模式称为活动小区（Active Cell）模式。

早期手机生产中主要使用惠普公司 HP8922、CMD55、CMU200 等测试仪，目前有 Agilent HP8960 等。Agilent HP8960 强大的硬件平台和多种应用软件能对基于下列应用模式的多种类型的移动终端进行 RF 功能的精确测试：GSM/GPRS/WCDMA/EGPRS/CDMA2000/AMPS。Agilent HP8960 无线射频通信测试仪如图 1-3 所示。

（四）可编程稳压电源（Agilent HP66319B）

可编程稳压电源给手机提供外接的电源，使之能够开机或被供电，可由软件或人为设置电源输出的供电电压、最大供电电流等参数。Agilent HP66319B 稳压电源如图 1-4 所示。

图 1-3　Agilent HP8960 无线射频通信测试仪

图 1-4　Agilent HP66319B 稳压电源

手机综合自动测试系统连接示意图如图 1-5 所示。测试时，稳压电源给手机供电，计算机主机利用测试软件经数据线控制手机自动开、关机及拨号，综测仪给手机提供模拟基站信号并对手机收发的各个频段及信道的各项指标进行测试。测试数据经 GPIB 总线输入计算机

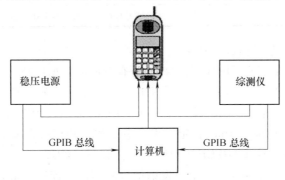

图 1-5　手机综合自动测试系统连接示意图

显示器进行显示。

二、手机主要测试项目及标准

（一）测试项目和标准的内容

1. 测试信道号

信道号全称为绝对射频信道号（ARFCH），根据 GSM 规范，不同国家和地区运行的 GSM 系统包括 GSM900MHz、DCS1800MHz、PCS1900MHz 子系统，每个子系统有确定的收发频率范围，根据信道划分标准等间隔划分出若干工作信道并称为物理信道，对每个信道按照频率高低进行编号，即绝对射频信道号（ARFCH），每个信道号对应一组发射和接收频率。测试用典型信道号为下列数值。

GSM900MHz：1、37、62、124；

DCS1800MHz：512、700、885；

PCS1900MHz：533、810。

2. 主要测试项目名称及测试标准

对上述每个信道都重复进行下列项目测试，具体包括：发射功率（TX_POWER）、发射功率控制（POWER_RAMP）、相位均方值误差（Phase_RMS）、频率误差（FREQUENCY）、相位峰值误差（Phase_Peak）、接收质量（RX_QUAL）、接收电平（RX LEVEL）、调制频谱（MOD SPEC）、开关频谱（Switch SPEC）等；另外，还包括手机工作电流测试，主要是测试待机电流（Idle Current）和通话电流（Communication Current）。主要测试项目及标准见表1-1。

表1-1 测试项目及标准

测试项目	GSM 900MHz			DCS 1800MHz/PCS 1900MHz		
	低端信道	中间信道	高端信道	低端信道	中间信道	高端信道
发射功率	(33±2) dBm	(33±2) dBm	(33±2) dBm	(30±2) dBm	(30±2) dBm	(30±2) dBm
相位峰值误差	±20°	±20°	±20°	±20°	±20°	±20°
相位均方值误差	≤5°	≤5°	≤5°	≤5°	≤5°	≤5°
频率误差	±90Hz	±90Hz	±90Hz	±180Hz	±180Hz	±180Hz
接收电平	(50±2) dBm	(50±2) dBm	(50±2) dBm	(50±2) dBm	(50±2) dBm	(50±2) dBm
接收质量	≤0	≤0	≤0	≤0	≤0	≤0
比特误码率	≤2.4%	≤2.4%	≤2.4%	≤2.4%	≤2.4%	≤2.4%
待机电流	根据具体机型另行规定，通常为 1～150mA					
通话电流	根据具体机型另行规定，通常为 100～450mA					

补充：射频（RF）测试指标的定义。

1）误码率（BER）：接收到的错误比特与所有发送的数据比特之比。

2）接收灵敏度（RX Sensitivity）：指手机在满足一定的误码率性能条件下，收信机输入端输入的最小信号电平（要求当 RF 输入电平为 -102dBm 时，BER 不超过2%）。

3）频率误差（Frequency Error）：定义为考虑了调制和相位误差的影响以后，发射信号的频率与该绝对射频信道号（ARFCH）对应的标称频率（物理频率）之间的差。

4）相位误差（Phase_Peak）：发信机发射信号的相位与理论上最好信号的相位之差。理论上的相位轨迹可根据一已知的伪随机比特流通过 GMSK 脉冲成形滤波器得到。

5）调制频谱（Mod Spec）：调制和射频功率电平切换而引起的对相邻信道的干扰。

6）开关频谱（Switch Spec）：即切换瞬态频谱，是测量由于调制突发的上升沿、下降沿而产生的在其标称载频的不同频偏处（主要是在相邻频道）的射频功率。

（二）测试项目和测量结果示例

TX（Channel：1 Power：5 Signal：-60.5）： //发射第一信道，第5功率等级，基站信
     号强度为-60.5dBm

AV_POWER（33.0＋/-4dBm）：31.7 //手机发射功率，标准为（33.0±4）dBm，
     31.7为实测的数值

POWER_RAMP：Match //时间同步

PH_PEAK（-20～20）：5.4 //相位峰值，标准为-20°～+20°

PH_RMS（-5～5）：2.0 //相位均方值，标准为-5°～+5°

FREQUENCY（-90～90Hz）：-29.7 //频率误差，标准为-90～+90Hz

RX（Channel：1 Power：5 Signal：-60.5） //接收第一信道，第5功率等级，基站信
     号强度为-60.5dBm

RX_LEVEL（50＋/-4）：52 //手机接收灵敏度，标准为（50±4）dBm

RX_QUAL（<=0）：0 //接收质量

BER（<2.4%）：0.254 //误码率，标准为小于2.4%

Comm_Current（100～450mA）：193 //发射电流，标准为100～450mA

Idle_Current（1～150mA）：68 //待机电流，标准为1～150mA

1.1.3 手机生产质量控制

质量控制对于工厂生产至关重要，所以，手机制造商对手机生产有一套完整的质量控制系统与方案。由Oracle开发的FCS（Factory Control System）是一套大型数据库系统，主要完成手机生产过程中数据的跟踪、采集、记录、存储、查询与统计任务，根据FCS中的数据可以反映出生产的情况。FCS质量控制功能主要由以下几个部分组成，如图1-6所示。

一、手机跟踪与记录

生产线生产的手机板在Board Flexing站被统一编以一个10位的工厂序列号（Factory Serial Number），在整个工厂生产过程中，该手机的所有数据都可以通过这个序列号码查到。在Board Flexing站手机被贴上一个条码（Bar-code），条码上记录着6位编

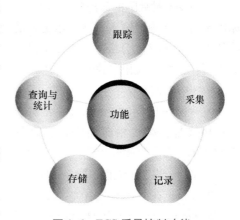

图1-6 FCS质量控制功能

码，可由条码扫描器将条码读出，系统可以将条码的编码转换为Factory Serial Number。

二、下线记录

手机在测试过程中，下线缺陷将被记入FCS中。对于自动测试如Board Flexing、Board Test、Final Test等测试，系统将自动记录下线缺陷；对于手动测试如Board Flash、Alert Test可以由手工输入下线缺陷项目。

三、缺陷输入

当下线手机号码被输入 FCS 中时，系统内自动生成一个 TBA（To Be Analyzed）记录，表示手机有缺陷需要进行分析。在 Analyzer 工作台的终端上可以显示一个 FCS 界面，称为 GI（Graphic Inspection），Analyzer 完成分析工作后，在 GI 显示的 PCB 图中选中相应缺陷元器件，再单击"Defect"键输入缺陷原因，从而完成缺陷输入。然后手机被重新测试，当通过测试后，FCS 系统自动删除这个 TBA，并将缺陷元器件和缺陷原因记入 FCS。

在 Board Test 与 Final Test 中，对于下线但未输入 FCS 的手机，测试台将不进行测试并提示输入 FCS。

四、数据报告

有了 FCS 采集的数据之后，我们可以很方便地查询许多种类的报告，如某个时段、某生产线或某种产品的产量、质量、测试、分析原因、缺陷以及周转时间等方面的详细或统计报告，这样可以根据数据来控制生产中各种缺陷的情况，改进产品质量。FCS 可以查询某一手机在整个生产测试过程中的详细数据，为 Analyzer 分析手机提供很好的参考；可以查询一个批次手机的某一项或某几项的测试数据；还可以统计地计算出手机性能参数分布的曲线，便于从工程技术方面来控制产品的质量。

五、Analyzer 的职责

在生产测试的过程中，下线的手机被送到 Analyzer 处进行分析。对于整个生产系统，Analyzer 主要负责以下几项具体工作。

（一）分析故障

在生产过程中，下线的手机有许多原因，Analyzer 首先要对这些手机进行分析，找出下线的原因。

（二）反馈原因

Analyzer 对缺陷的原因应该及时反馈。在实际工作中，反馈的工作是将缺陷元器件与缺陷原因及时、准确地输入 FCS，相关人员将从 FCS 中的缺陷分析报告中总结得出缺陷所在，并采取相应的改善措施。

（三）维修缺陷

发现缺陷的同时，Analyzer 将对缺陷尽快修复，减少报废与积压，降低生产成本。

Analyzer 的工作流程如图 1-7 所示。

Analyzer 在分析维修中心（Analyzer Service Center）处凭身份识别条码领取手机，分析并修复缺陷手机。对于修复的手机，将缺陷准确输入 FCS，在 Analyzer Service Center 处按照修复手机归还；对于未修复的手机，在

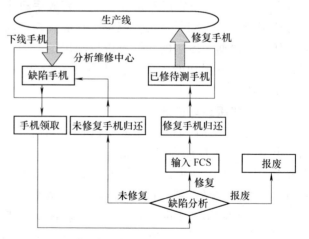

图 1-7 Analyzer 的工作流程图

Analyzer Service Center 处按照未修复手机归还；对于报废的手机，标明报废原因后进行统一处理。Analyzer 简称"ANA"，后续任务将详细介绍 ANA 的工作流程。

任务二 ANA 工作流程——故障分析和排除

学习目标

◇ 认识手机故障分析和排除过程；
◇ 认识手机故障分析和排除的条件。

工作任务

◇ ANA 工作流程参观学习；
◇ 书写 ANA 工作流程参观报告。

本任务通过对手机故障分析维修实例来认识和了解 ANA 的工作内容。

1.2.1 故障分析实例

一、无振动故障分析实例

手机的振动功能是在接收到信号时给用户以提示，利用电动机带动转子头上半边的金属块转动。由于金属块是半边的，所以转动时并不平衡，给人以振动的效果。最常用的电动机有两种，一种是条形的，一种是柱形的。手机振动电路的工作原理非常简单，TCL VLE5 的振动电路原理图如图 1-8 所示。

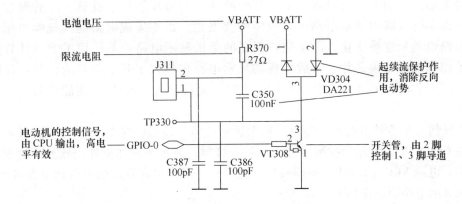

图 1-8 TCL VLE5 的振动电路原理图

该电路基本工作过程为：控制信号 GPIO-0 由 CPU 的 N3 脚输出，通过高低电平的转换从而控制 VT308 的开关状态。当该信号为高电平时，VT308 导通，电动机振动；当该信号为低电平时，VT308 截止，电动机无振动。R370 为限流电阻，改变阻值可以改变振动的强弱，VD304 和 C350 组成一个回路，可以将电动机停转瞬间产生的反向电动势消除掉，起续流保护作用。

振动电路故障现象主要表现为无振动和振动弱，依据电路工作原理，确定故障分析思路和流程，无振动故障检修流程如图1-9所示。

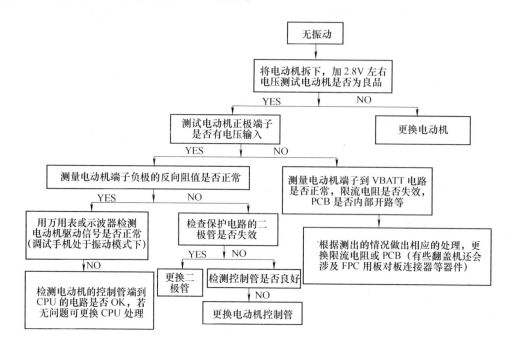

图1-9　无振动故障检修流程

二、无显示故障分析实例

显示电路是手机将信息告知用户的重要窗口，用户可以通过显示界面做出相应的动作，轻易地达到控制手机的目的，尤其是拍照功能的出现使得手机显示屏的地位更加突出，在手机实际维修中显示电路也是故障的多发地。由于集成电路的大规模应用，手机的显示电路也越来越模块化、简单化，现在的手机显示电路中都使用了类似计算机中显卡功能的图像加速处理芯片，一般手机的显示电路包括以下几个主要的信号：数据信号（DATA）、时钟信号（CLK）、片选信号（CS）、复位信号（RST）、使能信号（EN）、电源（VCC）。

以上任何一个信号出现异常都会引起无显示故障。显示电路由CPU控制，显示数据及控制均由CPU完成，数据和控制信号输出后直接驱动或经图像加速处理器处理后驱动显示模块工作。电源VCC（2.75V，不同机型有偏差）一般由电源管理的电压调节器输出。TCL K7S手机显示电路原理图如图1-10所示。

NLD0～NLD8为传输命令或显示数据；LRSTB为复位信号；LRDB和LWRB为读写命令；LPA0用于数据或命令的识别；LPCE0B_MAIN_LCM为片选信号。

显示电路故障现象主要表现为无显示和显示白屏或蓝屏。根据电路工作原理，确定故障分析思路和流程。TCL K7S手机无显示故障检修流程如图1-11所示。

通过以上故障实例的介绍，我们发现故障维修包括故障分析和故障排除两个基本过程，故障分析过程要借助电路图和测量仪器来完成电路分析和信号测试；故障排除过程需要用到专用的维修工具并利用手焊技术来进行故障元器件的更换。

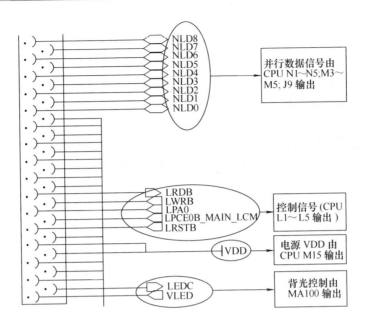

图 1-10 TCL K7S 手机显示电路原理图

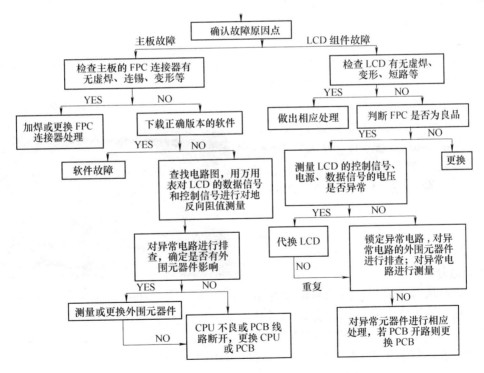

图 1-11 TCL K7S 手机无显示故障检修流程

1.2.2 故障维修条件和一般步骤

通过维修实例的简单介绍，可以总结出故障维修条件和一般步骤等。

一、故障维修条件

（一）电路原理图和元器件布局图

手机主板故障分析时一般需要三种图样，分别是电路原理图、元器件布局图和电路实物装配图。手机故障分析离不开理论的指导，同时在分析电路原理的基础上，需要借助专业的分析仪器和测试设备针对性地进行信号电压、频率或波形的测试，通过测量逐步排查故障原因，完成故障诊断。

（二）故障测试设备和仪器

手机故障诊断主要借助下列通用或专用测试设备和仪器。

1. 稳压电源

如前所述，稳压电源给手机提供外接的电源，可以人为设置电源的供电电压、最大供电电流等参数。

2. 电子人机接口设备

电子人机接口设备在手机的测试分析中负责连接手机与控制计算机的通信，控制计算机通过接口设备向手机发出各种控制命令，控制手机的工作状态，还可以读取手机内部存储的数据。

3. 无线射频测试仪

通过手动操作，由 ANA 测试手机的各项 RF 指标。HP8960 无线射频通信测试仪见图1-3。

4. 示波器

示波器是显示一个信号的电压幅度随时间变化情况的仪器。Analyzer 用示波器可以观察直流电平信号、基带音频信号和各种控制信号。维修用示波器全部是数字示波器，即示波器对被测信号进行数字取样处理后再进行测试，因此测试精度较高，仪器提供的功能也很多。实验室使用的示波器主要有惠普公司的 HP54621、HP54624 系列，例如 Agilent 54621A 数字示波器，如图1-12所示，另外还有泰克公司的 TDS220、TDS340、TDS360、TDS520 等系列的数字示波器。各公司的各种型号示波器使用方法上虽有区别，但是所提供的功能大同小异。

图1-12　Agilent 54621A 数字示波器

5. 频谱分析仪

与示波器从时域表现被测信号的变化情况不同，频谱分析仪是从频域上分析信号变化的仪器。Analyzer 主要用频谱分析仪来分析手机射频信号的频谱和功率谱。Analyzer 所使用的频谱仪主要为 Agilent E4403B 频谱分析仪，如图1-13所示。不同型号频谱分析仪的区别主要在频带覆盖范围上，使用方法上差别不大。

6. 万用表

Analyzer 目前使用的万用表主要有 HP34401 系列数字万用表，Agilent 34401A 数字万用表如图1-14所示。万用表可以用来测量电阻、电压和电流等一些基本参数和电量，同时还能实现二极管性能测试和较低频率的测量。

图 1-13　Agilent E4403B 频谱分析仪

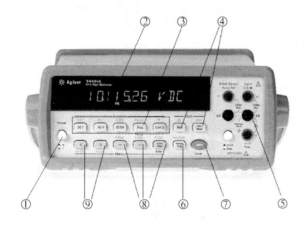

图 1-14　Agilent 34401A 数字万用表

二、维修软件

摩托罗拉的 Radiocomm 维修软件操作界面如图 1-15 所示。

手机主板故障分析检测时，需要利用软件设置手机的各种工作状态，如进行发射频段、发射信道以及发射功率等级的设置，进行接收频段和接收信道的设置以及进行音频输入输出通道的设置等，使手机工作在相应状态下，借助维修软件，可以帮助维修人员进行故障的确认并对故障是否修复进行判断，配合使用合适的测量仪器和维修工具进行故障的诊断和排除，大大提高维修效率。不同的手机制造商都开发了不同的维修软件平台，对于使用者来说，这些维修软件都是具体的图标操作界面，通过单击操作界面的凸起图标来进行手机各项工作状态的设置。

三、手焊维修设备和辅助工具

（一）热风枪

热风枪是一种进行贴片元器件和贴片集成电路以及屏蔽罩的拆焊、焊接的专用工具，使用的工艺要求也很高，其输出温度和风量均可调。主要类型如下。

1. 大风枪

大风枪加热面积比较大，温度可调，风力可调，可用于加热面积较大的屏蔽罩或对于温度有要求的塑料器件，代表型号为 HL2305 LCD 和 HL2010 LCD，后者如图 1-16 所示。

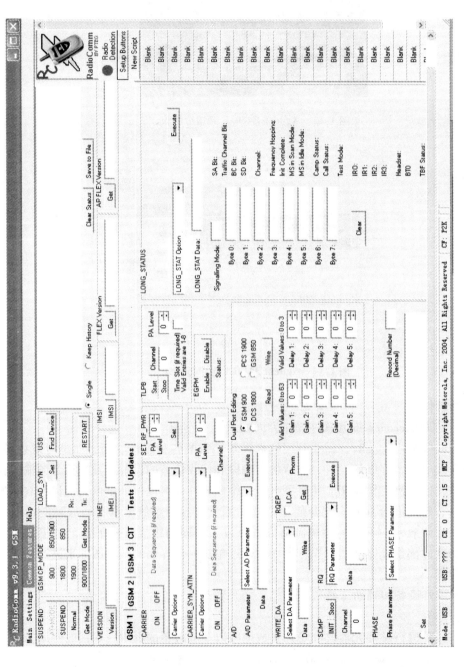

图 1-15 摩托罗拉 Radiocomm 维修软件操作界面

2. 中型风枪

中型风枪加热面积适中，温度与风力均可调，用于加热中型元器件，如：滤波器、压控振荡器和中型芯片，不能加热塑料元器件。中型风枪代表型号为 HAKKO 850，如图 1-17 所示，还有国产的 AT 850B 等。这些中型器件也能使用大风枪更换。

图 1-16 HL2010 LCD 热风枪

图 1-17 HAKKO 850 热风枪

3. 小风枪

小风枪加热面积小，温度与风力均可调，可用于局部加热小型元器件，如电阻、电容和电感等元件和二极管、晶体管等器件，只要更换 HAKKO 850 热风枪风嘴为 5mm 以下的小尺寸即可。这样的好处是减少受热元器件面积，避免元器件被吹散丢失。设置风枪温度为 3～5 档左右，风力以不会吹跑元器件为适中。在实际使用中，根据要更换元器件的具体情况选择适当的风枪。

（二）电烙铁

电烙铁主要为 Weller 系列的防静电可调温电烙铁，如图 1-18 所示，以及国产产品，用于直接加热焊锡，包括元器件补焊、清除多余焊锡及更换元器件时对 PCB 上的焊盘进行处理等。电烙铁在手机维修中的作用不可小觑，如果选择不当，会造成许多人为故障，如虚焊、短路等。所以手机维修使用的电烙铁的特点是温度上升快、可调，发热体使用直流电压供电，保证无漏电、防静电，功率一般为 60W 或更大一些，焊接时间为 2～5s。

（三）其他辅助工具和材料

1. 镊子

镊子用于夹取和摆放 PCB 上的元器件。

2. 动平衡臂

动平衡臂是焊接辅助工具，能上下左右前后

图 1-18 Weller WSD81D 电烙铁

六方向移动，能固定热风枪高度对 PCB 上的元器件进行焊接，焊接过程不需操作人员手拿热风枪，减轻操作人员的劳动强度。动平衡臂如图 1-19 所示。

3. 吸锡线

吸锡线用于清除 PCB 上多余的焊锡，如图 1-20 所示。

4. 助焊笔（剂）

将助焊剂涂在待焊元器件的焊盘上，在加热后可清除元器件焊接表面与焊锡的氧化层，有助于提高焊接质量和加快焊接速度。

5. 清洗笔

清洗笔用于清洁 PCB 焊盘上的残留物，如图 1-21 所示。

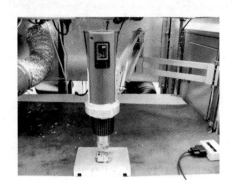 

图 1-19　动平衡臂　　　　　　　　　　图 1-20　吸锡线

图 1-21　清洗笔

四、故障维修原则和一般步骤

（一）维修原则

手机作为电子产品，在故障维修的原则和方法上与一般的智能电器的维修有许多相似之处。但是，不可否认的是手机是一个高集成度、结构复杂、软硬件技术含量很高的综合电子系统，另外手机主板采用 SMT（表面贴装技术）工艺，这些都使得手机故障维修有它自身的特点。

（二）维修一般步骤

1）根据故障现象确定故障电路的范围，如电源电路、逻辑电路，在电路原理图上找到相关电路。

2）确定测试元器件的编号，在元器件布局图上找到该编号元器件。

3）依据装配图在主板相应元器件上利用合适的测量仪器进行测试，如果信号正常，继续按照这一过程进行排查。

4）更换性能不良或焊接工艺缺陷的元器件。

5）如果故障排除了，维修结束；否则，继续上述过程。

技能训练　手机日常生产流程认识

◇ **知识目标**

1）了解手机产品生产质量控制手段。

2）了解 Analyzer 工作职责和工作流程。

3）了解手机故障分析测试仪器和设备。

4）认识手机故障排除的维修工具、维修附件和耗材。

◇ **技能目标**

1）参观学习手机日常生产流程并书写流程报告。

2）参观学习 Analyzer 工作流程并书写流程报告。

手机日常生产流程包括手机主板 SMT 生产、手机整机组装、整机测试、故障维修与故障跟踪等若干环节，通过对手机制造工厂的实地参观学习，书写完整、贴近生产实际的翔实的手机日常生产流程报告，报告格式见附录 A。

习题一

1. 什么是 FCS？它由哪几部分组成？

2. Analyzer 的职责是什么？

3. 简述手机故障的分析过程。

4. 手机故障的分析条件包括哪几部分？

5. 分析手机缺陷的方法有哪些？简要说明各种方法的特点。

6. 热风枪有什么作用？包含哪几个类型？各自的特点是什么？

7. 使用电烙铁时应注意哪些问题？

第二部分

基 础 篇

项目二

GSM移动通信系统基本概念

学习目标

◇ 认识移动通信系统的发展、特点和应用；
◇ 认识手机与系统间双向呼叫的建立过程；
◇ 掌握 GSM 移动通信系统的关键技术。

工作任务

◇ 建立移动通信网络组成架构；
◇ 完成手机与系统间双向呼叫的建立。

移动通信的一个重要基础是无线电磁波的传播，移动通信网络是移动终端、基站、传输媒介（电磁波）和移动交换中心组成的移动通信系统，不仅包括众多硬件实体还包括各种软件和协议。移动通信系统布局建设成蜂窝网状结构，使得终端用户之间以及终端和服务器之间完成语音和数据信息的传输与交换，从而构成一个覆盖广袤的通信网络。在我国移动通信技术发展飞速，3G 网络方兴未艾，4G 时代已悄然到来，但是，不可否认，2G 系统（包括 2.5G 和 2.75G）应用非常成熟，目前，我国 2G 移动用户数量仍然相当庞大。所以，一段时间内我国 2G、3G、4G 移动网络将并存，认识和研究 2G、3G 系统及其终端仍然具有现实意义。

任务一　移动通信系统简介

学习目标

◇ 认识移动通信系统的种类、特点和应用；
◇ 了解 GSM 移动通信系统的基本组成。

![工作任务]

◇ 认识 GSM 移动通信系统的基本组成。

2.1.1　移动通信系统种类、特点和应用

公用双向移动通信网络（后简称网络）诞生至今，发展极其蓬勃迅猛，伴随着技术创新和技术升级，网络一代代的变迁和改造，到现在已发展到了第四代。网络发展经历了 1G、2G、3G、4G 等阶段，每一代都有特有的技术和特点，为终端用户提供了不同形式的应用。1G 已经淘汰，在我国 2G、3G、4G 这些网络正同时存在着。移动通信系统的发展历程和标准示意图如图 2-1 所示。

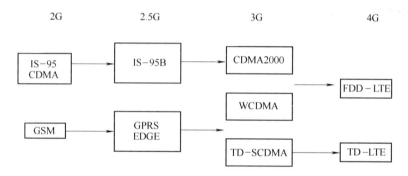

图 2-1　移动通信系统的发展历程和标准示意图

1. 2G 网络技术标准、特点和应用

（1）2G 网络的技术标准

2G 网络是数字蜂窝移动通信系统，产生于 20 世纪 90 年代初，全球范围内技术标准主要有 GSM 和 D-AMPS，前者全称是"全球移动通信系统"（Global System for Mobile Communications），由欧洲电信运营和制造厂家共同设计并注册商标，后者是美国提出并在美洲使用。1992 年 GSM 标准引进我国，我国正式进行 2G 网络的建设，此后数年 GSM 网络在中国落地生根，全面开花。伴随着用户多媒体业务需求的提高和新技术的使用，又出现了通用分组无线业务 GPRS 和 CDMA 两个技术标准，利用这两种技术标准的网络称之为 2.5G，随后在 GPRS 技术标准基础上发展了 EDGE 技术标准，英文全名为 Enhanced Data Rate for GSM Evolution，中文全名是增强型数据速率 GSM 演进技术，称之为 2.75G。

GSM 系统是迄今为止商业化运营最成功的移动通信系统，在 GSM 系统的发展中，陆续发展出了几个系列的通信系统。

1）最初指定的 GSM 系统被称为 PGSM 系统。

2）在 PGSM 基础上通过频带的加宽又发展了 EGSM 系统。

3）通过改变 GSM 的工作频带，又发展出了 DCS 系统。

4）在北美运营的 GSM 系统也对工作频带进行了修改，称为 PCS 系统。

说明：所有 GSM 系列的移动通信系统只有工作频率和手机的发射功率有所不同，射频

调制解调方式全部相同。系统通信频率范围等空间参数标准见表2-1。

表2-1　空间参数标准

	PGSM	EGSM	DCS	PCS
ARFCN 范围	1～124	975～1023、0、1～124	512～885	512～810
上行频带范围/MHz	890～915	880～915	1710～1785	1850～1910
下行频带范围/MHz	935～960	925～960	1805～1880	1930～1990
信道宽度/kHz	200	200	200	200
双工间隔频率/MHz	45	45	95	85
TDMA 用户数/户	8	8	8	8
调制方式	0.3GMSK	0.3GMSK	0.3GMSK	0.3GMSK
功率等级范围/Level	5～15	5～19	0～15	0～15
最大功率/dBm	33	33	30	30
功率等级差别/dBm	2	2	2	2

（2）2G 网络的特点和应用

2G 网络的核心技术包括语音编码、数字信号处理 DSP、时分多址 TDMA、码分多址 CDMA 和频分复用等，这使得 2G 的技术特点非常突出：频谱效率高、系统容量大、语音质量高、与无线传输质量无关、系统安全保密好、接口开放；使用方面表现出随时随地接入网络、实现漫游、话音清晰、手机小巧省电、通信安全保密、辐射低、不掉话、通信可靠。不过，2G 终端手机上网速度较低，2.75G 手机上网速率一般为每秒几十至一百多千字节。

基于 2G 网络的技术特征，2G 网络主要业务为语音通信，也包括低速率的数据业务，诸如短信、彩信、彩铃、移动秘书、手机银行、WAP、QQ 聊天等，由于上网速度低，高速多媒体业务如视频电话、在线聊天、电子邮件、实时电子商务等还不能实现。

为了提高访问互联网速率、满足移动用户的需求、提供更丰富的数据业务，第三代移动通信系统被提出并如火如荼发展，在我国，2G 网络用户也在不断向 3G 网络用户变迁中，3G 用户当前已经超过 3 亿。

2. 3G 网络技术标准、特点和应用

（1）3G 网络的技术标准

3G 网络与 2G 网络的主要区别是在传输语音和数据的速度上的提升，是将无线通信与国际互联网等多媒体通信相结合的新技术，3G 网络规范是由国际电信联盟（ITU）所制定的 IMT-2000 规范的最终发展结果，全球主要的 3G 网络技术标准有 WCDMA、CDMA2000 和 TD-SCDMA 技术，在我国由三家运营商分别使用。

（2）3G 网络的特点和应用

3G 网络的核心技术是宽带 CDMA 技术，同时使用了智能天线、软件无线电、Turbo 编/译码、功率控制和电源管理等多种先进技术。新技术的运用使 3G 网络容量更大、语音质量更强、多模终端更丰富智能，而最突出的特点是数据传输速率数倍提高，在室内、室外和行车的环境中能够分别支持至少 2Mbit/s、384kbit/s 以及 144kbit/s 的传输速度。3G 网络能够提供网页浏览、电话会议、电子商务信息等服务。

3. 4G 网络技术标准、特点和应用

4G 网络是继 3G 网络以后的又一代通信系统，主要目标是提高无线访问互联网的速度，其网络速度可达 3G 网络速度的十几倍到几十倍。

（1）4G 网络的技术标准

实际上，当前 ITU 审核并认可批准的 4G 标准是 LTE- Advanced 和 Wireless MAN- Advanced，后者是 WiMax 的后续演进，这里不做展开。目前试运行的 FDD- LTE 和 TD- LTE 是"准 4G"标准，俗称"3.9G"。TD- LTE、FDD- LTE 分别是时分长期演进和频分双工长期演进的英文缩写，我国启用的是 TD- LTE 技术标准。

（2）4G 网络的特点和应用

4G 网络可以实现现有的移动网络和局域网的无缝合并，或称全 IP 网络，语音被当成数据进行传输，技术复杂，涉及空间接口和全光传输，无线核心技术是正交频分复用 OFDM，频分复用是一种高频带利用率的数字调制技术，核心技术还包括多载波 MC-CDMA 技术，4G 网络是 OFDM 和 CDMA 技术的结合，此外 4G 网络还包括更强的、更灵活的智能天线技术、软件无线电和编码技术等。

4G 网络最典型的特征是网络速度大幅度提高，在 20MHz 频谱带宽下能够提供下行 100Mbit/s 与上行 50Mbit/s 的峰值速率，3G 时代困扰运营商的可视电话、手机电视、手机支付等高速率多媒体业务将解决。手机用户会以移动上网为主，语音消费向数据消费转变，在高速网络的支撑下，目前有线网络能够支撑的所有业务，都将跨越空间的限制，以无线的形式存在，不仅在速度上，在网络容量、通信质量上都会更强，费用更低。

2G、3G 和 4G 每一代系统分别采用不用的关键技术、呈现不同的特点，通信速度不断提升，由语音通信转变到数据通信，为用户提供了前所未有的体验和便捷。技术升级和创新是不能阻挡的，但是任何新技术从诞生到成熟应用都不是一蹴而就的。4G 牌照发放对 2G、3G 网络会有影响，但并不意味着 2G、3G 时代的终结。根据中国 3G 商用的历史经验，从起步到普及，4G 网络至少也还需要 2~3 年的时间，这期间要完善技术、提高网络覆盖率、提供丰富多样的终端品种和超强的应用业务类型，否则，就不能真正体现出 4G 网络优势，并且直接影响 4G 商用普及的进程。

2G、3G 网络不会被直接淘汰，且还将在相当长的一段时间内继续为用户提供通信服务。移动通信系统的实体组成基本相同，下面以 GSM 移动通信系统为例来介绍系统的各个组成部分。

2.1.2　GSM 移动通信系统基本组成

各种移动通信系统的组成比较接近，对于 GSM 移动通信系统来说，其功能实体包括以下几部分。

1. MSC

移动交换中心（Mobile Switching Center，MSC）主要负责整个移动通信系统数据的传输交换、网络管理等功能。

2. BSS

基站系统（Base Station System，BSS），基站系统负责将 MSC 与 MS 连接起来，每个基站覆盖一个蜂窝小区，当手机从一个小区移动到另外一个小区时，将在基站控制下进行越区切换。

3. MS

移动台（Mobile Station，MS）是移动通信系统面对用户的终端设备。移动台包括两部分：移动设备（Mobile Equipment，ME）和用户识别模块（Subscriber Identify Module，SIM）。

（1）移动设备

移动设备是用户所使用的硬件设备，用来接入到系统，每部移动设备都有一个唯一的对应于它的永久性识别号，该识别号称为国际移动设备识别号（International Mobile Equipment Identity，IMEI）。

（2）用户识别模块 SIM

用户识别模块 SIM 上记录着用户身份信息的部分称为 SIM 卡，网络会根据上面的信息确定用户的合法性。SIM 卡作为一个单独的部分插入手机，上面记录着如下内容：

1）国际移动用户身份鉴别信息 IMSI。英文全称为 International Mobile Subscriber Identification，简称 IMSI。此号码为国际唯一的号码，代表用户的身份，在登录系统的时候，系统会根据此项内容找到用户的信息。

2）移动国家号 MCC。英文全称为 Mobile Country Code，简称 MCC，代表用户归属网络所在国家的编号。

3）移动网络号 MNC。英文全称 Mobile Network Code，简称 MNC，代表用户归属网络运营商的编号。

4）用户存储的信息。SIM 卡上还有一些存储空间，可以用来存储一些用户自己的数据，例如电话本、设置等。

任务二　GSM 空间接口技术简介

学习目标

◇ 了解 GSM 空间接口概念；
◇ 掌握 GSM 无线路径传输基本概念；
◇ 了解手机与系统间双向呼叫的建立过程。

工作任务

◇ 认识 GSM 空间接口概念；
◇ 了解手机与系统间双向呼叫的建立过程。

GSM 系统的空间接口主要指 A 接口、Abis 接口和 Um 接口，这三个接口标准使得电信运营商能够把不同设备纳入同一 GSM 数字通信网络中。空间接口如图 2-2 所示。

这三个接口中 Um 接口（空间接口）定义为移动台（MS）与基站收发信台（BTS）之间的通信接口，用于移动台与 GSM 系统的固定部分之间的互通，物理链路是无线链路。此接口传递的信息主要包括无线资源管理、移动性管理和接续管理等信息。GSM 空间接口技术主要包括数字调制技术、数字传输技术、多址通信技术、频率复用技术以及功率控制技术等，以 L7 手机接收机为例介绍空间接口技术参数，见表 2-2。

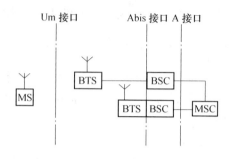

图 2-2　GSM 系统的空间接口

表 2-2　L7 手机接收机空间接口技术参数

接　收　机	规　　格
接收灵敏度	−105dBm
RX 误码率	<2%
语　音　编　码	说　　明
语音编码类型	规则脉冲激励/长期预测线性预测编码（RPE LPC with LTP）
比特率	13.0kbit/s
帧持续时间	20ms
码组长度	260bit
种类	Class 1bits＝182bit；Class 2bits＝78bit
使用向前纠错码编码比特率	22.8kbit/s

2.2.1　GSM 空间接口相关概念

1. 调制方式

相位调制抗噪声性能很好，但是存在一个问题，当信号突然改变相位时，会产生高频分量，因此需要较宽的发射带宽。GSM 系统必须有效地利用有限的频段，所以 GSM 空间接口没有简单的采用这种相位调制技术，而是采用一种更有效的、改进型的相位调制技术，称为高斯滤波最小频移键控（Gaussian Minimum Shift Keying，GMSK），该技术能够减少发射频谱的宽度，降低对邻近信道的干扰。GSM 手机发射频谱如图 2-3 所示。

采用 GMSK 时，数字信号首先经过一个高斯数字滤波器，使信号变形，减少信号的锐变。变形后的信号再用于载波的相位调制，这样载波的相位就不会即时变化，而是缓慢地变化，调制模型如图 2-4 所示。

2. 多址方式

许多用户同时与一个系统进行通信时，由于使用了共同的传输媒体——无线电磁波，因此各用户间可能会产生相互干扰，即多址干扰。为避免干扰实现多址通信所采用的技术方式称之为多址方式。GSM 系统采用 FDMA/TDMA（频分多址/时分多址）方式，其示意图如图 2-5 所示，多个用户共享一个载波频率，分享不同时隙，可以实现不连续发送，分组发射，大大提高 GSM 移动通信系统容量。

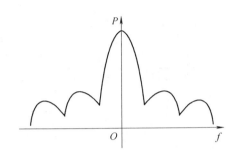

图 2-3　GSM 手机发射频谱

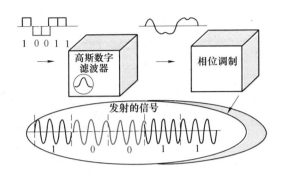

图 2-4　GMSK 调制模型

3. 频率复用

　　在 GSM 移动通信系统中，频率复用是通过将一个大范围的通信覆盖区域分割成若干个小的通信区域来实现的，在每个小区之中，有限的用户与此小区的系统在部分的可用频带内进行多址通信，相邻小区的用户只能使用不同的频带，而不相邻小区的用户可以重复使用相同的频带。这样，一个大的地区被分割成为许多个小的区域，每个小区的形状近似于六边形，因此 GSM 移动通信系统又称为"蜂窝系统"，其示意图如图 2-6 所示。

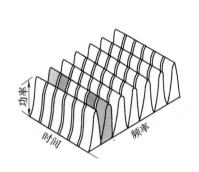

图 2-5　频分多址/时分多址方式示意图

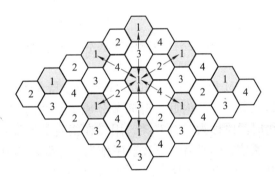

图 2-6　蜂窝系统示意图

4. 功率控制技术

　　一个小区中的手机用户可能有很多，当许多用户同时与基站进行通信的时候，如果发射功率都相同，离基站近的用户会对离基站远的用户造成阻塞效应，而离基站较近的用户用大功率发射时电池消耗也比较大，所以基站必须能够对手机的发射功率进行调整，手机也应该具备改变发射功率的能力。

　　GSM 规范要求手机必须能够以 2dBm 为单位调整发射功率。PGSM 规定的手机发射功率分为 1～15 共 15 级，1～5 级功率相等，均为 33dBm，5 级以下的功率等级以每级 2dBm 的差值递减。EGSM 规范从 15 级向下增加到 19 级。DCS 与 PCS 系统均设 0～15 共 16 级功率，最大功率 0 级为 30dBm，其他功率同样以 2dBm 递减。以 EGSM 子系统功率等级为例，表 2-3 列出了其所有功率等级数和对应发射功率理论值及范围。

表2-3 EGSM子系统功率等级数和对应发射功率理论值及范围

功率等级	功率理论值/dBm	功率范围/dBm
5	32	33 ±2
6	30.5	31 ±3
7	29	29 ±3
8	27	27 ±3
9	25	25 ±3
10	23	23 ±3
11	21	21 ±3
12	19	19 ±3
13	17	17 ±3
14	15	15 ±3
15	13	13 ±3
16	11	11 ±5
17	10	9 ±5
18	9	7 ±5
19	8	5 ±5

2.2.2 GSM无线路径传输中的基本概念

GSM无线路径传输中的基本概念包括如下几个重要内容。

1. 时隙和TDMA帧

GSM规范中一个RF载频可以支持8个移动用户轮流与系统通话，每个通话占用载频信道八分之一的时间，时间被分成了8个时间段，每个时间段称为一个时隙，用户在指定的时隙内与系统通信，同时将时隙按顺序排列，并编号为0到7，共8个时隙。每这样的8个时隙序列称为一个TDMA帧，如图2-7所示。

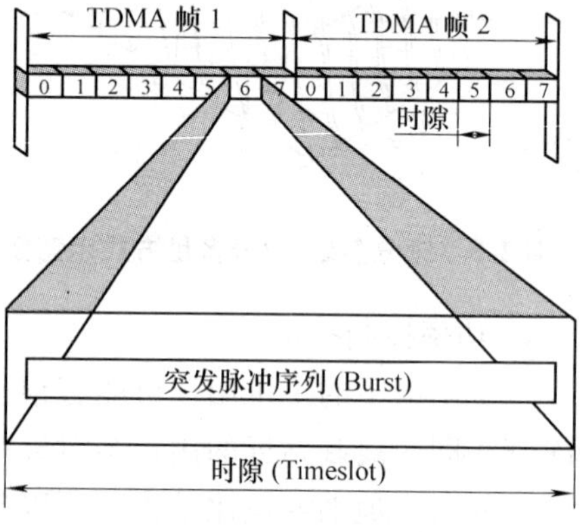

2. TDMA Burst

GSM系统是一个频分多址/时分多址的通信系统，基站与移动台之间收发信号的定时对于系统正常工作非常关键，移动台和基站都必须在适当的时间发射和接收信号，否则就会错过它所在的时隙。

图2-7 时隙和TDMA帧

一个时隙里所传的信息也称为一个突发脉冲序列（Burst），对于一个用户来说，发射信号是脉冲形的，TDMA突发脉冲序列（TDMA Burst）的概念是手机在一个脉冲的时间内所发射的所有频谱分量的集合，它携带着一个脉冲中所要传送的信息。GSM系统对一个TDMA Burst在每段时间的频谱宽度与幅度都有严格的要求，在手机发射信号的测试中许多部分是对TDMA Burst的测试。GSM手机发射TDMA Burst的脉冲波形如图2-8所示。

3. 物理信道

TDMA Burst 发射要占有一段频率，也要占有一段时间，GSM 规范中每个载频的带宽均是 200kHz，每个载频均采用 TDMA 方式，每个载频又分 8 个时隙，因此 GSM 的空中物理信道是一个频宽为 200kHz、长为 0.577ms 的物理实体，如图 2-9 所示。

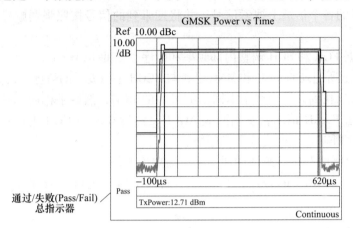

图 2-8　TDMA Burst 脉冲波形

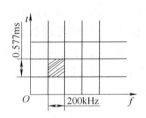

图 2-9　物理信道

每个 Burst 在 TDMA 帧中对应一个分配给它的时隙，能提供一个 GSM 物理信道，手机通话会占用一个物理信道，直到通话结束或发生切换。而一个物理信道可以用于传送 MS 和 BTS 之间的多种逻辑信道。根据信道类型，TDMA 帧被组建成了多种结构。空间接口的信息如何在帧与复帧中发送以及相关的定时，可以参阅相关书籍。

4. 逻辑信道

在 GSM 系统中，所有数据均由 Burst 传输，但 Burst 并不只携带语音数据，还传输许多用于控制的数据。我们将这些 Burst 按照功能分成一些逻辑信道。GSM 逻辑信道如图 2-10 所示。每个逻辑信道的具体含义在此不做介绍，有兴趣同学可参考相关资料。

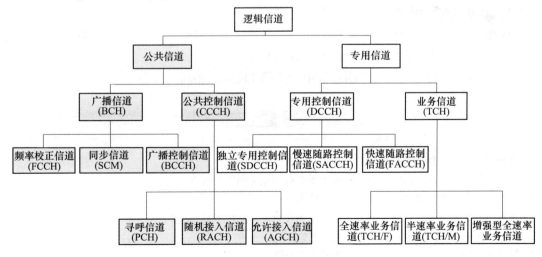

图 2-10　GSM 逻辑信道

31

2.2.3 呼叫的建立

以下简单介绍在实际通信中手机如何与系统建立连接。

1. 登录网络

1）手机开机后，首先在下行的各个信道上搜索信号，并将搜索到的信号按照强弱顺序排列，检查是否有 BCH。

2）当发现一个 BCH 后，根据 FCH 和 SCH 调整内部频率和时序，与此 BCH 同步。

3）然后手机比较本机 SIM 卡上所记录的 MCC 和 MNC 是否与 BCCH 上所发送的信息一致。

4）手机一直重复以上过程直到找到并锁定属于本网络的最好的 BCH，然后手机向基站报告自己的信息与位置：首先发送 RACH 请求，基站回应 AGCH，然后进入 SDCCH 进行双向通信，交换控制数据，最后结束呼叫，至此完成登录网络。

此时，手机已经能够进行发出呼叫和接听来话的通信了。需要说明的是，如果手机内无 SIM 卡，手机仍然会完成寻找并锁定 BCH 的程序，只不过不能开发射来进行注册和位置更新。

2. 实现呼叫

（1）手机发起呼叫

1）当用户在手机上输入号码，并按了"OK"或"Send"后，手机向基站发出 RACH 脉冲。

2）基站通过 CCCH 中的子信道 AGCH 应答手机的请求。

3）手机收到 AGCH 后，按照指令，转到指定的 ARFCN 和时隙上，并与基站在 SDCCH 上进行双向通信：手机首先接收 SDCCH 中的 SACCH，获得基站发来的时序调整和功率控制信号，此前基站已经从 RACH 脉冲到达的时间计算出了正确的时序调整时间；在接收到时序调整时间后，手机就可以发送正常长度的脉冲至基站，从而进行双向通信。SDCCH 信道上的双向通信主要完成振铃响应和身份确认过程。

4）在 1~2s 后，手机就会从 SDCCH 转到 TCH 上，开始进行语音数据的通信。

（2）基站发起呼叫

1）基站首先在 CCCH 上的 PCH 子信道上发送一个寻呼信息，包含要寻找的手机号码。

2）手机收到 PCH 后，回送一个 RACH 信号。

接下来的过程与手机发起呼叫过程中的步骤 3）、4）相同。

习题二

1. GSM 移动通信系统包括哪些子系统？其各自收发频率范围是什么？

2. GSM 移动通信系统信道间隔是多少？每个子系统的双工间隔是多少？

3. GSM 移动通信系统的调制方式是什么？有什么优点。

4. GSM 移动通信系统采用的多址方式是什么？为什么采用此种多址方式？

5. 何为频率复用技术？为什么采用频率复用技术？

6. 解释时隙、TDMA 帧、TDMA Burst 和物理信道的概念。

7. 简述手机呼叫建立的过程。

第三部分

实践篇

项目三

手机元器件识别与检测

学习目标

◇ 掌握手机电路元器件种类、特征、焊接技能；
◇ 认识手机测试仪器和设备的种类、功能和作用；
◇ 掌握手机电路元器件封装及作用；
◇ 了解 L7 手机的芯片组组成、功能及作用。

工作任务

◇ 手机元器件识别、检测和焊接训练；
◇ 认识 L7 手机的不同芯片种类、封装特征；
◇ 能够叙述芯片组的分类、功能作用和组成的功能电路；
◇ 熟练掌握测试仪器和设备在手机信号测试中的应用；
◇ 书写测试报告。

手机作为移动通信系统面向用户的终端设备，要求其体积小、功能强大。由于电路比较复杂，手机采用了表面贴装（SMT）焊接工艺，因此，这些元器件必须是片式封装，使得手机结构紧凑、集成化程度高。手机电路主要分为两大功能模块，即基带电路和射频电路。基带电路包括电源电路模块、用户接口电路模块以及逻辑控制电路模块；射频电路包括接收电路模块和发射电路模块。掌握手机电路组成和理解手机工作原理是手机故障维修的必要条件。

任务一　手机电路元器件识别与检测

学习目标

◇ 掌握手机电路元器件种类、特征；
◇ 掌握手机电路元器件封装及作用。

工作任务

◇ 手机元器件识别与检测；

◇ 完成技能训练。

随着手机制式不断变化，手机从模拟手机发展到数字手机，体积由大到小，手机中电路采用的元器件的规格尺寸和封装形式也在不断改变。手机电路中的基本元器件主要包括电阻、电容、电感、晶体管、场效应晶体管等。由于手机体积小、功能强大，电路比较复杂，手机采用了表面贴装（SMT）焊接工艺，因此，这些元器件必须是片式封装。贴片元器件与传统的通孔元器件相比，贴片元器件安装密度高，减小了引线分布的影响，降低了寄生电容和电感，高频特性好，并增强了抗电磁干扰和射频干扰能力，同时生产成本低，适用于自动化生产，并且人工焊接也很容易。手机中无源贴片元器件的数量为250～300只，这里将重点介绍手机中使用的贴片元器件，并通过技能训练进行手机元器件的识别和检测。

3.1.1 电阻

电阻是手机电路的常用元件，在手机中占元器件总数的50%～70%。电阻在电路中的作用主要有分压、分流、限流、设置电路状态以及构成特殊的功能电路（如与电感构成振荡电路）等，电阻在使用中应考虑其阻值和功率。

1. 电阻的封装规格、参数标注

贴片封装的电阻元件外形为薄片矩形、无引脚，在电阻的两端是镀锡。手机中电阻的颜色一般为黑色，也有的为浅蓝色，个别手机采用了组合电阻排。电阻在电路图中的名称为R，电阻符号和实物如图3-1所示。电阻符号如图3-1a所示，片式电阻如图3-1b所示，组合电阻排如图3-1c所示。

a) 电阻符号　　　　　　　b) 片式电阻　　　　　　　c) 组合电阻排

图3-1　电阻符号和实物

（1）封装规格

贴片电阻封装规格主要有0805、0603、0402、0201（从大到小），0805表示长0.08in$^{\ominus}$、宽0.05in，其他规格尺寸依此类推。贴片电阻封装尺寸与具体阻值没有关系，但与功率有关，如0201（1/20W）、1206（1/4W）。

○　1in = 2.54cm。

（2）参数标注

手机电阻分为直连电阻和有阻值的电阻，直连电阻其阻值为 0，由于尺寸非常小，所以阻值一般不在电阻上标出，其阻值大小可由图样标注获得。在较大尺寸的电阻表面上有三位数字，用来表示其阻值的大小，前两位数字表示有效数字，第三个数字表示 10 的幂，即前两位数字后面零的个数，单位是欧姆，即 Ω。如 102 表示 $1k\Omega$（10×10^2），501 表示 500Ω（50×10）。

手机的充电电路中会使用一个热敏电阻，电路图中文字标识为 RT。此电阻一般在 PCB 上靠近电池接口位置，感测充电时电池的温度变化，配上电阻直流分压电路，将电池的温度变化转变为电压的变化，进而控制充电与否。

2. 电阻的测量

手机中的电阻一般为碳膜电阻或金属膜电阻，是无源元件。电路会由于电阻原因而出现相应故障，其原因主要有两方面：

一方面是工艺原因，电阻外观破损、断裂，或者焊接不良，有虚焊、冷焊发生；另一方面是由于电阻实际阻值与理论值不符，即可能是错误元件或故障元件，此种情况较少。电阻的测量既依赖于万用表的测量也要靠测量者敏锐的观察力，当然，需要注意的是，在测量电阻时，不要在有其他电阻并联时进行测量。

3.1.2　电容

电容也是手机电路使用的重要元件之一，在手机中占元器件总数的 40%～60%。在手机中，电容的作用主要是用于电源滤波、交流耦合、旁路、隔直以及与电感组成振荡电路等。电容种类丰富，既有无极性普通陶瓷电容，也有电解电容。电容的封装规格也不尽相同，电容的容量范围较宽，有用于高频电路的皮法级电容，也有用于电源滤波电路的微法级电容。

1. 电容的封装规格、参数标注

电容的封装形式和电容的品质、种类等并没有直接的联系。贴片电容又称单片陶瓷电容，手机中使用的贴片电容主要有无极性电容和电解电容两大类，封装形式为无引脚，直接在两端镀锡。贴片电容一般为淡黄色或淡蓝色，体积很小。但是电解电容一般是黑色的，体积较大，在其一端有一较窄的灰色暗条，表示该端为其正极。手机中一般选用性能高、体积小的钽聚合物电解电容，颜色较为鲜艳。

电容符号和实物如图 3-2 所示。电容符号如图 3-2a 所示，在电路图中的名称为 C，电解电容如图 3-2b 所示，无极性电容如图 3-2c 所示。

一般电容　　电解电容		
a）电容符号	b）电解电容	c）无极性电容

图 3-2　电容符号和实物

（1）封装规格

手机中贴片电容尺寸一般根据容量的大小有 0402、0805、1206 等几种封装尺寸，最小的尺寸只有 0201。

（2）参数标注

电容主要参数包括标称电容量、额定工作电压、漏电电阻和漏电电流。贴片电容外形也是矩形片状、体积小，大部分电容未标出其容量，其具体值可根据电路原理图获得。对于标出容量的电容，一般其第一个字符是英文字母，代表有效数字；第二个字符是数字，代表 10 的指数。电容单位为 pF。例如，一个电容标注为 G3，通过查表，查出 $G = 1.8$，$3 = 10^3$，那么，这个电容的标称值为 $1.8 \times 10^3 \text{pF} = 1800\text{pF}$。

2. 电容的测量

电容会因为焊接工艺不良造成手机故障的出现，这种情况是比较容易观察维修的，如果电容容量错误、电容漏电、内部短路等也会造成手机的故障发生，并且这种故障较多。

用普通的万用表是检测不出电容的容量的，只有通过专业的电容检测表才能准确地检测出电容的容值，但在平时的工作中，经常借助万用表定性检查其是否严重漏电或已经击穿并内部短路。具体方法是：利用万用表的欧姆档（万用表在欧姆档时，数字万用表的红、黑表笔分别接表内电池的正、负极，模拟万用表反之）将两表笔与电容的两极连接对电容进行充放电，从而初步判定出电容是否开路、短路或严重漏电等。

（1）固定电容测量

因其容量较小，可选用 R×10k 档进行检测。10pF 以下的固定电容容量太小，阻值应为无穷大；10pF 以上的电容测量时应有充放电过程，表针会有摆动，容量越大，表针摆动幅度越大。

（2）电解电容测量

电解电容容量较一般固定电容大得多，所以测量时，应针对不同容量选用合适的量程。根据经验，一般情况下，$1 \sim 47\mu\text{F}$ 的电容，可用 R×1k 档测量，大于 $47\mu\text{F}$ 的电容可用 R×100 档测量。将模拟指针式万用表红表笔接负极，黑表笔接正极，在刚接触的瞬间，万用表指针即向右偏转较大偏度（对于同一电阻档，容量越大，摆幅越大），接着逐渐向左回转，直到停在某一位置，此时的阻值便是电解电容的正向漏电阻，此值略大于反向漏电阻。实际使用经验表明，电解电容的漏电阻一般应在几百千欧以上，否则，将不能正常工作。

在测试中，若正向、反向均无充电的现象，即表针不动，则说明容量消失或内部断路；如果所测阻值很小或为零，说明电容漏电大或已击穿损坏，不能再使用。

3.1.3 电感

电感又称电感线圈，是一个电抗元件，也是一个储能元件。将导线绕在磁心或空心线圈上就构成一个电感。电感大小与线圈圈数、尺寸以及磁芯材质都有关系。电感单位是亨利，简称亨，常用 H 表示。使用较多的单位是毫亨（mH）和微亨（μH），换算关系为 $1\text{H} = 10^3\text{mH} = 10^6\mu\text{H}$。

电感具有阻止交流电通过而让直流电顺利通过的特性。对交流信号阻碍作用的大小通过感抗（$X_L = 2\pi fL$）来表征。频率越高，电感值越大，电感感抗越大，对交流信号的阻碍作用越强。

手机频段在 900MHz 至 2.4GHz 之间，要求电路元件必须能够工作在 RF 射频频段以及微波频段，片式电感毫无疑问必须能够安全可靠地工作在这一频段。手机作为便携产品，体积小、耗电省，用一块锂离子电池供电。当前手机具有丰富的多媒体功能，这就要求电源电路要有较高的工作效率和较长的电池使用时间，因此电源电路需要多个 DC/DC 转换器，还需要外部的电感储能元件将存储的电能传递给负载。电感根据其在手机中的作用分为储能电感、扼流电感、振荡电感、滤波电感等。其中扼流电感有高频和低频之分。

1. 电感的封装规格、参数标注

手机电路使用的电感数量为 30 只左右，占手机主板贴片元器件数量的 10% 左右。在 3G 及 4G 手机中达 60 只以上。按电感材料分类有贴片绕线电感和贴片叠层电感。电感在外观上和电阻等有些不同，外形包括：一种是一半为银色，一半是白色的；一种两端是银白色，中间是蓝色或紫色的；一种为白色上面有绿或蓝线，也有的是纯绿色的。电感符号如图 3-3 所示，电感在电路图中的名称为 L。

图 3-3 电感符号

（1）封装规格

手机中使用的贴片电感的形状和封装形式多数与贴片电阻、电容的封装和形状相同，为矩形片状，两端有镀锡。常用尺寸为 0603、0402，现在也出现了 0201 规格。电源电路中还有一种储能电感，其两端有引脚、体积较大、形状为黑色方形或圆形，如摩托罗拉手机的储能电感为黑色圆形，这种储能电感是一种功率电感，其内部是线圈。

（2）参数标注

电感主要参数包括电感量、品质因数、分布电容等。贴片电感是无标称的。

2. 电感的测量

手机电路中电感会因为工艺不良或内部线圈断路造成相应的故障发生。选用专用的电感测量仪器（如 RCL 测量仪），同时去掉负载才能准确测量电感量值。简略检查电感好坏的方法是利用万用表测量电感通断，理想的电感电阻很小，近似为零。这可以通过万用表的通断测试功能测量（选择标识为扬声器档），当万用表的红黑表笔分别连接电感的两端时，如果电感正常，则万用表扬声器发出蜂鸣声；如果电感内部已经断路，则不会发出蜂鸣声，此时可判断出电感已经损坏。

电感是无方向的，所以测量时不用考虑其方向性。

需要说明的是：在部分手机电路中，一条特殊的印刷铜线即构成一个电感，这种电感又称为印刷电感或微带线。微带线一般有两个方面的作用：一是它能有效传输高频信号；二是微带线与其他固体器件如电感、电容等构成一个匹配网络，使信号输出端与负载能很好地匹配。微带线耦合器常用在射频电路中，特别是接收电路的前级和发射电路的末级。用万用表测量微带线的始点和末点是相通的，但绝不能将始点和末点短接。

3.1.4 二极管

手机中使用的二极管类型较多，作用不同，在电路图中的符号和名称也不一样，相互之间也不能互换使用，即使相同型号的二极管，因制造工艺等方面不同，其实际的性能也略有差别。现在着重介绍一下手机电路中使用的二极管器件，主要包括普通二极管、稳压二极管、发光二极管和变容二极管。

1. 普通二极管

（1）用途

普通二极管利用了二极管 PN 结的单向导电性，工作于脉冲状态（电流、电压急剧变化），主要用于手机的开关电路，由脉冲信号控制二极管的导通和截止。其外形与电阻等不同，尺寸也很小。

（2）辨别和测量

普通二极管在电路图中用字母 VD 表示，如 VD2 表示编号为 2 的二极管。外形为扁平矩形，两端有引脚，引脚一端较粗，另一端较细。两个引脚多为黑色，在其一端有一白色的竖条，表示该端为负极。有的贴片二极管采用双二极管封装，有三个引脚，内部有两个二极管。这种封装形式类似于普通贴片晶体管，所以必须通过元器件布局图和电路原理图来辨别。

a）普通二极管符号   b）实物图

图 3-4　普通二极管电路符号和实物图

普通二极管的电路符号和实物如图 3-4 所示。

在手机电路中，二极管装反或损坏会造成局部单元电路的故障发生，主要表现为二极管失去了单向导电性或性能变差，说明其内部的 PN 结已经被击穿或 PN 结性能差。可以利用二极管的单向导电性，通过万用表测量其正反向电阻来判断性能和极性，其正向导通电阻一般为几百欧至几千欧，而反向偏置电阻一般在几百千欧以上。利用万用表的"R×100"档和"R×1k"档测量，若两个数值比值在 100 以上，认为二极管正常，否则认为二极管的单向导电性已损坏。

2. 稳压二极管

（1）用途

稳压二极管又称齐纳二极管，是一种工作在反向击穿状态的特殊二极管，它的制作材料是硅半导体。与普通二极管不同的是，它工作在 PN 结反向击穿区，PN 结不会损坏，正常工作。当稳压二极管 PN 结反向击穿后，通过管子的电流在很大范围内变化，而管子两端的电压基本不变，这就是稳压二极管的稳压特性。稳压二极管在正常使用时，为避免反向击穿电流过大，必须在电路中串联限流元件，否则管子将因过热而损坏。在手机电路中，稳压二极管常用于音频电路，如扬声器（语音输出）电路、振动电路和铃声电路。这是因为手机电路使用的扬声器、蜂鸣器和振动电动机都带有线圈，当这些电路工作时，线圈两端会因为自感电动势的产生出现峰值非常高的反向电压，该电压如果不被限制将会使负载电路造成损坏。如果在负载电路上放置一只稳压二极管，当稳压二极管 PN 结被高压反向击穿后，负载两端的电压将基本保持不变。稳压二极管选择的原则当然是根据其稳压值的大小。

不仅是在音频电路中，在充电电路以及电源电路的升压和降压单元电路中都会使用不同稳压值的稳压二极管，为电路稳压或提供基准电压。

（2）辨别和测量

稳压二极管在电路图中用字母 VS 表示，如 VS2 表示编号为 2 的稳压二极管。稳压二极管电路符号如图 3-5 所示。外形上有的与普通二极管很相似，只是尺寸上更小一些。还有的稳压二极管做成组合封装，即一个元器件上集成了几只管子，元器件引脚不在两边，而是在元器件底部。如摩托罗拉 V600 系列主板上稳压二极管在其底部有八个锡球作为其引脚。

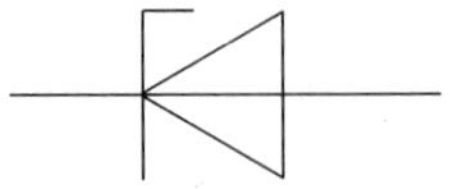

图 3-5　稳压二极管电路符号

稳压二极管损坏会造成不能稳压或者基准电压输出不准，可以利用万用表进行测量，方法同普通二极管的测量，但应注意模拟和数字万用表的不同测量方法。

3. 变容二极管

（1）用途

二极管 PN 结在反向电压作用下可看成一个电容（结电容），当改变外加反向电压时，PN 结的宽度会改变。反向电压大时，PN 结宽，结电容小；反向电压小时，PN 结变薄，结电容变大。变容二极管就是利用这种特性制成的特殊 PN 结二极管，是一种电抗可变的非线性电路器件，又称"可变电抗二极管"。制作材料多为硅或砷化镓单晶。变容二极管结电容的大小与管子两端所加反向电压的大小成反比这一特点又称为变容二极管的压容特性。

在手机的重要电路——频率合成器中会使用变容二极管，频率合成器是指带锁相环（Phase Locked Loop）的压控振荡器（VCO），压控振荡器大多用于锁相技术，产生多个稳定的频率信号。VCO 的组成为 LC 振荡电路，利用石英晶体和锁相环来稳定振荡输出频率。在振荡电路中，变容二极管与 LC 振荡电路并联，当改变管子两端的反向电压时，管子的结电容发生变化，从而振荡输出频率变化。手机中接收一本振电路、二本振电路以及发射一本振、二本振电路都利用变容二极管在电路中充当可变电容，变容二极管电容值与加在两端的电压大小变化有关，以实现对频率的调整。一本振电路即是频率合成器结构，二本振电路产生固定的频率信号，结构相对简单。手机中的二本振电路主要用来产生接收和发射的中频信号，在当前较新的手机中都采用零中频技术，利用二极管进行直接调频，即省略中频变频环节，直接用反映语音信息的直流电压控制变容二极管的结电容，进而改变发射载波的频率。

（2）辨别和测量

变容二极管发生故障，主要表现为漏电或性能变差：

1）当发生漏电现象时，射频调制电路将不工作或调制性能变差；

2）当变容性能变差时，射频调制电路的工作会出现不稳定，造成调制后的射频信号发送到对方被对方接收后产生失真。

实际电路中一般见不到变容二极管，这是因为 VCO 都做成了模块，变容二极管已经封装在模块内。模块内部振荡管、电阻、电容和电感以及变容二极管都集成在一块基板上，这样做一方面减小了电路板占用的空间，另外降低了对元器件的干扰。在较新的手机硬件电路中看不到变容二极管，同时在电路原理图中也没有其符号。变容二极管的电路符号如图 3-6 所示。

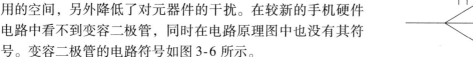

图 3-6　变容二极管的电路符号

4. 发光二极管

（1）用途

手机中的发光二极管用来做信息、状态指示及键盘背景灯等。如果二极管半导体材料为砷化钾、磷砷化钾，当 PN 结加正向偏压时，会有电流流过二极管，电能会转换成光能，不同材料和不同杂质会发出不同波长即不同颜色的可见光，像这种二极管我们称其为发光二极管。发光二极管能发出红光、绿光、黄光等几种单色光，发光的颜色不仅与半导体材料有关，同时也与管子的封装结构形式和尺寸有关，有的管子也能发双色和三色组合光。

发光二极管对工作电流有要求，一般为几毫安至几十毫安，发光二极管的发光强度基本上与发光二极管的正向电流成线形关系。但如果流过发光二极管的电流太大，就有可能造成发光二极管的损坏。在实际运用中，一般在二极管电路中串接一个限流电阻，以防止大电流将发光二极管损坏。发光二极管只工作在正偏状态，正常情况下，发光二极管的正向电压在

1.5～3V 之间，工作电流在 3～20mA 之间。

另外，还有一些特殊的发光二极管，如红外二极管，应用在具有红外传输功能的手机上。

（2）辨别和测量

发光二极管在电路图中用字母 VL 表示。发光二极管封装为表面贴装，颜色一般为黄色，其形式和尺寸与手机的型号和尺寸有密切联系。组合发光二极管是由两个发光二极管共同构成的一个二极管模块电路。发光二极管电路符号如图 3-7 所示，其主要应用于键盘背景灯电路。

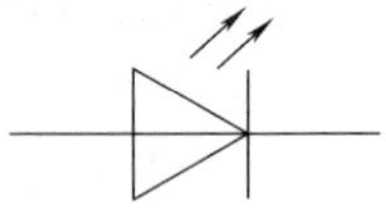

图 3-7　发光二极管电路符号

发光二极管的测量也是根据其 PN 结的单向导电性表现出的正向电阻小、反向电阻大的特点判断 PN 结好坏的。使用时，除要注意上述所说避免正向电流过大以外，还要注意反向电压不能超出 5V，否则造成反向击穿。

3.1.5　晶体管

手机电路中使用的晶体管分为 PNP 型和 NPN 型，外观体积小，均为贴片封装的表面贴装器件，有引脚。晶体管在手机电路中非常重要，多用于电源充电电路、射频电路中的振荡电路及控制信号的产生电路，如开关电路、放大电路等。它们如果损坏会造成手机发生故障，不能正常使用。掌握晶体管的结构、工作原理和检修方法，对我们掌握手机的工作原理和维修手机故障都有很大帮助。下面从晶体管类型、作用、封装和测量几方面介绍其应用情况。

1. 晶体管的类型及作用

晶体管在手机中的工作电路分为开关电路、放大电路、振荡电路，在手机中的作用主要是开关、放大和振荡。按类型来说主要包括普通晶体管、带阻晶体管和组合晶体管。

当晶体管工作在饱和区和截止区时，晶体管失去了放大作用，集电极和发射极之间短路或断路，集电极输出信号或为低电平（饱和压降 U_{CES}）或为高电平（电源电压 VCC），相当于一个电子开关。根据这一特点，晶体管用于开关电路，控制负载的供电以及为部分电路提供控制信号，如提供射频电路不同频段的选通信号、天线电路的发射或接收电路的使能信号。

当晶体管工作在放大区时，将小信号电流加到晶体管的基极，在集电极有大的电流输出。如对接收的中频信号进行放大，电路中主要使用晶体管构成的共射极放大电路，有时采用共集电极放大电路（即射极跟随器），此时只放大信号的电流，电压不放大，同时共集电极放大电路还具备信号的阻抗变换能力，如 Motorola V60、V66 手机接收电路中频信号的放大就采用了共集电极放大电路。手机电路中晶体管的特点是放大倍数（β）高、允许功耗低、CE 极间反向击穿电压低、对温度变化敏感。

需要注意的是，手机中提供放大作用的晶体管放大的是交流信号，晶体管频率参数 f_T 的高低，决定了放大信号的中心频率值，即放大中频信号和射频信号时晶体管的工作频率不同。

2. 晶体管的封装

随着手机电路体积的不断小型化，晶体管在封装结构上也有多种形式。它在电路图中的符号为 VT，如 VT2 表示编号为 2 的晶体管。这里根据晶体管的作用和封装结构介绍以下三种晶体管：

（1）普通晶体管

普通晶体管是单独封装、黑色、有引脚、三或四个电极（有两个脚相通，一般是发射极）。

（2）组合晶体管

组合晶体管多指由两个晶体管共同构成的一种有五只或六只引脚的晶体管，颜色为黑色，可用在开关电路中，或用在射频电路中。很多手机中都采用了此种晶体管，三星 A188 手机的开机控制管 U608 等也是组合晶体管。普通晶体管和组合晶体管实物如图 3-8 所示。

a) 普通晶体管　　b) 组合晶体管

图 3-8　普通晶体管和组合晶体管实物

（3）带阻晶体管

带阻晶体管是由一个晶体管和一个或两个内接电阻组成的，带阻晶体管在电路中使用时相当于一个开关电路，晶体管工作在饱和导通状态，此时集电极电流 I_c 很大，晶体管集电极和发射极之间电压接近于零（饱和压降为 U_{CES}），其中硅管为 0.2V 左右，锗管为 0.1V 左右；晶体管工作在截止状态时，I_c 很小，集电极和发射极之间输出电压很高，相当于集电极供电电压 V_{CC}。管子中的一个内接电阻决定了管子的饱和深度，其值越小，管子饱和越深，I_c 电流越大，CE 间输出电压越低，抗干扰能力越强，但阻值不能太小，否则会影响开关速度。管子另一个内接电阻的作用是为了减小管子截止时集电极的反向电流，并减小整机的电源消耗。带阻晶体管外观结构上与普通晶体管并无多大区别，要区分它们只能通过万用表进行测量。

总之，晶体管的封装形式和其作用之间并不是一一对应的，并且组合晶体管可能就是带阻晶体管或者普通晶体管。但是，晶体管的半导体材质和其使用场合有着确定的联系。硅管耐高温，锗管不耐温，但其内部电阻小，PN 结电压降小。硅管饱和压降高于锗管，以 NPN 型晶体管为例，硅管发射结饱和导通电压为 0.7V，锗管为 0.3V；如果是 PNP 型晶体管，发射结饱和导通电压则为负极性，这对区分工作中晶体管的放大、截止和饱和状态是非常重要的。

电路中的晶体管主要是硅管和锗管；高频振荡电路（如前面提到的发射载波产生电路）中的晶体管主要是锗管。

3. 晶体管测量

晶体管的测量主要包括以下内容：晶体管的类型是 NPN 型还是 PNP 型；晶体管的电极（基极、集电极、发射极）；材料是硅管还是锗管；晶体管的性能好坏。

（1）电极和管子类型的辨别

三引脚晶体管的上面引脚一般是集电极，下面两个左边是基极，右边是发射极。可以通过下列方法判断晶体管的类型和电极，利用模拟万用表电阻档进行测量，首先判断基极。一般为了避免表内电池电压过高，对管子造成损坏，所以电阻档选用"R×100"档。方法为测量管子三个电极中任两个电极间的正反向电阻，当用一支表笔接某一电极，另一支表笔分别接另外两个电极时均测得低阻值时，则第一支表笔所接的电极为基极。另外，如果黑表笔接基极，红表笔分别接其他两极，测得阻值（PN 结的正向电阻）都较小，则可确定此晶体管为 NPN 型，反之为 PNP 型。

其次，判断集电极和发射极。若确定管子为 NPN 型和基极后，在剩下的两个电极中可先假定一个为集电极，另一个为发射极，然后用手指捏住基极和指定的集电极，这时，将黑表笔同时接触到指定的集电极，红表笔接触到指定的发射极，这时，观察万用表的测量值。此值如果较小，与正向电阻值接近，则说明假定成立，否则假定另一个电极为集电极，此时仍按上述方法测量。上述测量方法中黑表笔连接表内电池正极，当其连接到集电极时，相当于为晶体管集电极提供了工作电压，同时在基极和集电极之间有人体电阻（几百千欧），所以基极和发射极之间有电流流过，此时晶体管集电结反偏，发射结正偏，满足了晶体管放大条件，在集电极和发射极之间有已经放大的电流流过，这样万用表的两支表笔正好连接着集电极和发射极，两极之间的电阻肯定较小。

（2）硅管和锗管的判别

用数字万用表测量管子基极和发射极 PN 结的正向压降，硅管的正向压降一般为 0.5 ~ 0.8V，锗管的正向压降一般为 0.2 ~ 0.4V。

（3）性能好坏的判别

已知一个晶体管的型号和引脚排列，可通过下列方法初步判断其性能好坏。这里主要介绍穿透电流 I_{CEO} 的测量和放大性能的检查。

1）测量穿透电流 I_{CEO}。以 NPN 型管子为例，利用模拟万用表"R×10"或"R×100"电阻档，将黑表笔连接管子的集电极（C），红笔连接发射极（E），测得的电阻值越大越好。如果是小功率的锗管，此值应大于几千欧，硅管则要大于几百千欧。如果测得的阻值较小，表明 I_{CEO} 很大，管子性能不好；如果阻值接近于 0，则表明管子已经击穿损坏。当测量管子是 PNP 型时，此时黑表笔连接管子发射极，红笔连接集电极。

2）检查放大性能。以 PNP 型管子为例，利用模拟万用表"R×100"电阻档，将红表笔连接管子的集电极，黑表笔连接发射极，用手捏住 C、B 两电极，即用人体电阻为管子基极提供直流偏置电压，此时观察万用表的读数，测量值越小说明管子的放大作用越好，放大倍数 β 越大。如果测量值较大，则说明管子放大作用较差或者已经损坏。

3.1.6　场效应晶体管

在手机电路中，场效应晶体管是一种重要的半导体器件。场效应晶体管是一种由 PN 结组成的电压控制型半导体器件，通过输入电压对输出电流的控制作用，可工作在放大、导通和截止状态。场效应晶体管在手机中主要用于信号的放大、开关控制等电路。另外，场效应晶体管还具有开关速度快、高频特性好、热稳定性好、功率增益大、噪声小、抗干扰能力强等优点，因此，在手机电路中得到了广泛的应用。

1. 场效应晶体管的原理及分类

结型场效应晶体管结构如图 3-9 所示，有三个电极，分别为栅极（G）、漏极（D）和源极（S），分别与普通晶体管的三个电极基极、集电极和发射极相对应。场效应晶体管与普通晶体管一样，栅极和源极间的反向偏置电压 U_{GS} 作为输入量控制漏极和源极之间的电流 I_D。当输入电压 U_{GS} 改变时，PN 结两端的反向电压也在变化，使得 PN 结厚度改变，在两个 PN 结中间形成了一个沟道宽度

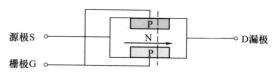

图 3-9　结型场效应晶体管结构

也随着电压变化的导电沟道，沟道的电阻和输出电流 I_D 也随着变化。由此看到，场效应晶体管是通过外加电压 U_{GS} 控制导电沟道电阻和电流的半导体器件。形成沟道电流的载流子只有一种，N 沟道场效应晶体管为电子，P 沟道为空穴。

场效应晶体管按其结构原理不同可分为结型场效应晶体管和绝缘栅型场效应晶体管，后者又称为金属-氧化物-半导体场效应晶体管，简称 MOS 场效应晶体管；按照沟道分为 P 沟道和 N 沟道场效应晶体管。结型场效应晶体管电路符号如图 3-10 所示，在电路中用 VT 表示，这两种场效应晶体管在手机中都有使用，后者居多。

a) N 沟道型　　　　　　　　b) P 沟道型

图 3-10　结型场效应晶体管电路符号

场效应晶体管与晶体管的区别：

1）场效应晶体管是电压控制的单极性晶体管（只有一种极性的载流子工作），可以不向信号源吸取电流，输入阻抗高；而晶体管是电流控制的双极性器件，其内部有两种极性的载流子，输入电流才能工作，因此输入电阻不高。在只允许从信号源取较少电流的情况下，应选用场效应晶体管；而在信号电压较低，又允许从信号源取较多电流的条件下应选用晶体管。

2）有些场效应晶体管的源极和漏极可以互换使用，栅压也可正可负，灵活性比晶体管好。

3）场效应晶体管能在很小电流和很低电压的条件下工作，而且它的制造工艺可以很方便地把很多场效应晶体管集成在一块硅片上，因此场效应晶体管在大规模集成电路中得到了广泛的应用。

2. 场效应晶体管的封装和测量

场效应晶体管外观结构和普通晶体管及组合晶体管相似，维修和代换时应注意区分。

（1）结型场效应晶体管极性的判别

将万用表置于"R×1k"档，用黑表笔接触假定为栅极 G 的引脚，然后用红表笔分别接触另两个引脚，若阻值均比较小（5～10Ω），再将红、黑表笔交换测量一次，如阻值均很大，则属 N 沟道场效应晶体管，且黑表接触的引脚为栅极 G，说明原先的假定是正确的。同理，也可以判别出 P 沟道的结型场效应晶体管。

（2）绝缘栅型场效应晶体管极性的判别

1）栅极 G 的判定。用万用表"R×100"档，测量绝缘栅型场效应晶体管任意两引脚之间的正、反向电阻值，其中一次测量中两引脚电阻值为数百欧姆，这时两表笔所接的引脚是 D 极与 S 极，则另一未接表笔引脚为 G 极。

2）漏极 D、源极 S 及类型的判定。用万用表"R×10k"档测量 D 极与 S 极之间正、反向电阻值，正向电阻值约为 2kΩ，反向电阻值为（5～∞）×10kΩ。在测反向电阻时，红表笔所接引脚不变，黑表笔脱离所接引脚后，与 G 极触碰一下，然后用黑表笔去接原引脚，此时会出现两种可能。一种是万用表读数由原来较大阻值变为零，则此时红表笔所接为 S 极，黑表笔所接为 D 极。用黑表笔触发 G 极有效（使场效应晶体管 D 极与 S 极之间正、反向电阻值均为 0），则该场效应晶体管为 N 沟道场效应晶体管。另一种情况是万用表读数仍为较大值，则黑表笔接回原引脚不变，改用红表笔去触碰 G 极，然后红表笔接回原引脚，此时万用表读数由原来较大阻值变为 0，则此时黑表笔所接为 S 极，红表笔所接为 D 极。用红表笔触发 G 极有效，该场效应晶体管为 P 沟道场效应晶体管。

（3）绝缘栅型场效应晶体管的好坏判别

用万用表"R×lk"档去测量场效应晶体管任意两引脚之间的正、反向电阻值。如果出现两次及两次以上电阻值较小（几乎为0），则该场效应晶体管损坏；如果仅出现一次电阻值较小（一般为数百欧姆），其余各次测量电阻值均为无穷大，则还需进一步判断。用万用表"R×lk"档测量D极与S极之间的正、反电阻值。对于N沟道场效应晶体管，红表笔接S极，黑表笔先触碰G极后，然后测量D极与S极之间的正、反向电阻值。若测得正、反向电阻值均为0，则该管为好的；对于P沟道管，黑表笔接S极，红表笔先触碰G极后，然后再测量D极与S极之间的正、反向电阻值，若测得正、反向电阻值为0，则该管是好的，否则表明该管已损坏。

需要说明的是：绝缘栅型场效应晶体管其栅极很容易感应电荷而将管子击穿，维修时应注意防静电。

3. 绝缘栅型场效应晶体管在手机中的应用

手机电路中经常利用场效应晶体管做开关管控制手机电动机工作，电动机驱动电路原理图如图3-11所示。

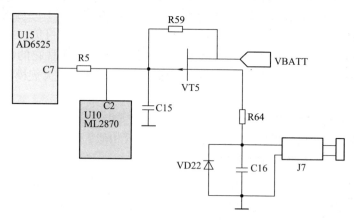

图3-11　电动机驱动电路原理图

场效应晶体管控制原理为振动电动机控制信号由CPU U15（AD6525）的C7脚输出，当输出低电平时，VT5饱和导通，VBATT电压经R64电阻限流后加于电动机正极，电动机振动；当输出高电平时，VT5截止，电动机无振动。二极管VD22是为消除电动机在停振时瞬间产生的反向电动势对电路的影响，从而起保护作用。

3.1.7　电声器件

电声器件就是将电信号转换为声音信号或将声音信号转换为电信号的器件。电声器件按其功能可分为两大类：一种是送话器，是用来将声音转换为电信号的一种器件，它将语音信号转化为模拟的音频电信号；另一种是受话器，实现音频电信号到语音信号转换。

1. 送话器

（1）送话器类型

送话器又称为麦克风、话筒、拾音器等，用字母MIC或Microphone表示，送话器电路符号如图3-12a所示，主要包括电感式送话器和电容式送话器两种，在手机电路中用的较多的是驻极体送话器, 也称为驻极体话筒 (ECM), 由驻极体 (声电转换) 和场效应晶体管 (阻抗变换) 两部分组成。

(2) 驻极体送话器原理

驻极体送话器中的驻极体实际上是利用一个驻有永久电荷的薄膜和一个金属片构成的一个电容器, 当薄膜感受到声音而振动时, 这个电容器的容量会随着声音的振动而改变。但是驻极体上面的电荷量是不变的, 所以这个电容器两端就产生了随声音变化的信号电压, 经过场效应晶体管的阻抗转换和放大变成电信号。相对于电感式送话器来说, 它是一种有源器件, 工作时必须要电路提供一定的工作电压。驻极体送话器内部电路原理图如图 3-13 所示, 其阻抗很高, 可达 100MΩ。

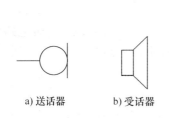

a) 送话器　　　b) 受话器

图 3-12　电声器件电路符号

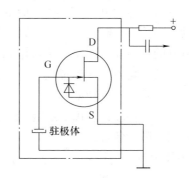

图 3-13　驻极体送话器内部电路原理图

(3) 送话器性能判别

送话器有正负极之分, 维修时应注意, 如极性接反, 则送话器不能输出信号。另外, 送话器在工作时还需要为其提供偏压, 否则, 也会出现不能送话的故障。判断受话器是否损坏的简易方法是利用万用表电阻测量功能, 用两表笔分别接触送话器两个电极 (一般为两个引线, 或者是中心和外环), 可以测量到 400~1200Ω 不等的阻值, 如果测不到可以交换两表笔, 这时向送话器声音感应面吹气, 如果发现阻值变化在 10% 以上, 则可认定其为正常; 如果测不到阻值或者吹气阻值变化幅度很小, 则可认定其损坏。

2. 受话器

(1) 受话器类型

受话器是一个电声转换器件, 它将模拟的语音电信号转化成声波。受话器又称为听筒、喇叭、扬声器等。受话器通常用字母 SPK、SPEAKER、EAR 和 EARPHONE 等表示。电路符号如图 3-12b 所示。手机中主要使用的是高压静电式受话器, 它是通过在两个靠得很近的导电薄膜之间加上高语音电信号, 使这两个导电薄膜在电场力的作用下发生振动, 来推动周围的空气振动, 从而发出声音。

(2) 受话器性能判别

可以利用万用表对受话器进行简单的判断。一般受话器有一个直流电阻, 而且电阻值一般为 20Ω 左右, 如果直流电阻明显变得很小或很大, 则需更换受话器。

3. 其他电声部件

手机的振铃 (也称蜂鸣器) 一般是一个动圈式小扬声器, 也是一种电声器件, 其电阻为十几欧到几十欧。手机的按键音一般是由振铃发出的, 一些维修人员错误地认为手机的按键音是由受话器发出的，在维修"听不到对方讲话"故障，但手机有按键音时，感到比较疑惑，其原因就在于此。振铃一般用字母 BUZZ 或 ALERT 表示。

另外，耳机是缩小了的扬声器。它的体积和功率都比扬声器要小，所以它可以直接放在人们的耳朵旁进行收听，这样可以避免外界干扰，也避免了影响他人。目前所有的耳机基本上都是动圈式的。

耳机的结构及工作原理和扬声器基本上是一样的，这里不再重述。

电声部件主要是根据不同的频率响应范围及功率大小而被用在不同需求的电路中。

3.1.8 集成电路

集成电路简称为 IC（Integrated Circuit），它在手机中被广泛地应用，有电源 IC、CPU、中频 IC 等，大大地减少了手机元器件的数量，降低了缺陷机会，并使手机电路板面积越来越小，整机的体积随之缩小。集成电路技术基于 MOS 半导体集成技术发展而形成，其内部电路比较复杂而且不易准确描述。一般在实际中，将集成电路作为一个单个器件看待，其相应的引脚对应着相应的功能与设置。在电路图中，集成电路以 U 作为标识。手机电路中使用的集成电路多种多样，IC 的封装形式也多种多样，主要有小外形封装、四方扁平封装和球栅格阵列引脚封装等。

1. 小外形封装

小外形封装又称 SOP（Small Outline Package）封装，其引脚数目在 28 之下，引脚分布在两边，在早期手机电路中的码片、字库、电子开关、频率合成器、功放等集成电路常采用这种封装。SOP 封装如图 3-14a 所示。

2. 四方扁平封装

四方扁平封装适用于高频电路和引脚较多的模块，简称 QFP（Quadruple Flat Package）封装，四边都有引脚，其引脚数目一般为 20 以上。如早期手机中的中频模块、音频模块、微处理器、电源模块等都采用 QFP 封装。判断引脚顺序的方法是根据 IC 一角上的黑点标记，按逆时针方向数；若 IC 上没有标记点，将 IC 上文字的方向放正，从左下角开始逆时针方向数。QFP 封装如图 3-14b 所示。

3. 球栅格阵列引脚封装

球栅格阵列引脚封装又称 BGA（Ball Gird Array）封装，是一个多层的芯片载体封装，这类封装的引脚在集成电路的"肚皮"底部，BGA 封装如图 3-15 所示。

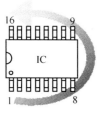

a) SOP 封装

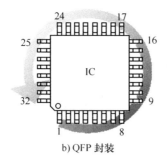

b) QFP 封装

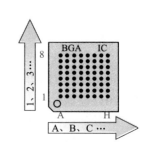

图 3-14　集成电路封装形式

图 3-15　BGA 封装

该封装引脚是以球形阵列的形式排列的，所以引脚的数目远远超过引脚分布在封装外围的封装形式。利用 BGA 封装，可以省去电路板多达 70% 的位置，充分利用封装的整个底部来与电路板互连，而且用的不是引脚而是焊锡球，进而还缩短了互连的距离，因此，BGA 集成电路在目前手机电路中得到了广泛的应用。

3.1.9 模块和组件

手机电路中除了上述所列各种元器件及集成电路外，还使用了各种专用部件，包括天线开关、滤波器、压控振荡器（VCO）、晶体振荡器以及宽带射频功率放大器等。这些部件都是以模块和组件的形式出现的，组件本身就是一个完整的电路，为保证工作的稳定和可靠，一般是在一块基板上装配各种分立元器件，然后利用金属屏蔽罩封装在一个盒内。这类部件容易识别，在原理上只需了解其输入和输出特性关系即可。以下简单说明天线开关和 VCO 组件。

1. 天线开关

天线开关的作用可以形象地比作是交通路口红绿灯，在有的手机中用双工合路器代替，受逻辑电路控制，完成发射和接收之间的高速切换，使人感觉不到信号之间的冲突，从而实现发射和接收的同时进行，完成准双工通信。天线开关基本原理如图 3-16 所示。

2. 压控振荡器组件

组成压控振荡器（VCO）组件的元器件包含电阻、电容、晶体管、变容二极管等。VCO 组件将这些电路元器件封装在一个屏蔽罩内，既简化了电路，也减小了外界因素对 VCO 电路的干扰。VCO 组件一般有 4 个引脚：输出端、电源端、控制端及接地端。每个引脚的辨识有规律可循，接地端的对地电阻为 0；电源端的电压与该机的射频电压很接近；控制端接有电阻或电感，在待机状态下或启动发射时，该端口有脉冲控制信号；余下的引脚便是输出端。

在手机电路中 VCO 组件和其他电路一起组成一个闭环的频率控制系统，为手机提供发射载波和接收的本振信号，这个闭环的频率控制系统也称之为锁相环频率合成器。VCO 组件电路符号如图 3-17 所示。

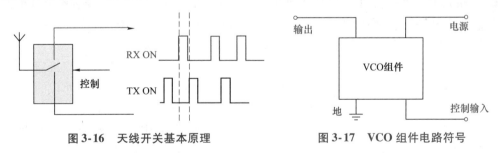

图 3-16 天线开关基本原理   图 3-17 VCO 组件电路符号

3.1.10 功率放大器

功率放大器简称功放，英文简称为 PA，手机电路中功放的作用是对射频信号进行放大，使之能达到基站所要求的功率等级。它在发射机的末级，是整个手机电路功耗最大的一个器件，也属于手机中的易损器件。目前使用的功率放大器主要为集成式功放，以集成电路组成大功率的放大器，功能较强但散热效果不太理想；另外还有模块式功放，由各种分立元器件封装在一个模块内组成，引脚简单、拆装方便。

3.1.11 接口件

手机用户接口模块在实际电路中用到若干接口件，简称接口，包括键盘接口、显示接口、音频输入输出接口、照相接口、SIM 卡接口、电池接口及板到板接口等，在电路中接口件多用"J"表示。接口件只是接口电路的连接部件，负责信号的传输，输入电信号的响应和输出电信号的驱动等处理仍然由具体电路完成，这些电路基本上都集成在 CPU 或电源芯片中。常用接口件实物如图 3-18 所示。

图 3-18　常用接口件实物

任务二　L7 手机芯片组认知

学习目标

◇ 掌握 L7 手机芯片组组成、分类和每一种芯片的功能作用；
◇ 认识实现 L7 手机各功能电路模块的不同芯片；
◇ 认识 L7 手机芯片封装特征。

工作任务

◇ 认识 L7 手机的不同芯片种类、封装特征；
◇ 能够叙述芯片组的分类、功能作用和组成的功能电路。

L7 手机是摩托罗拉公司于 2004 年推出的一款机型，电路硬件结构包括 5 个分离的 IC，这组芯片支持 850MHz、900MHz、1800MHz 和 1900MHz 频段及 GPRS/EDGE 无线接口标准，射频芯片部分包含 RF6025 收发信号处理合成器及 RF3178 功率放大器。

基带芯片部分主要由 ATLAS 和 Neptune 组成。ATLAS 是电源管理和用户接口芯片，它提供通用电源、音频和背景灯光管理功能。ATLAS 是定位于 GSM/GPRS/EDGE 的非应用处理器，其模块功能和独立协议也适用于其他应用。Neptune 是数字基带处理器，也可称为 CPU，它的双核处理器包括 Onyx DSP（56600）核心处理器和 ARM7TDMI-S 微控制器。

表 3-1 较详细地列出了 L7 手机的芯片组功能和组成电路，这些集成电路安装在主板相互独立的区域上，L7 手机主板实物如图 3-19 所示。

表 3-1　L7 芯片组功能和组成电路

芯片组		芯片	芯片功能	组成电路
基带芯片部分	模拟基带	ATLAS	音频管理、电压调节、电源管理、逻辑处理	电源和用户接口
	数字基带	Neptune	逻辑控制、数字信号处理	逻辑电路
		ATI	图形加速处理	
		Flash	程序存储器	逻辑电路

（续）

芯 片 组	芯 片	芯 片 功 能	组 成 电 路
射频芯片部分	RF3178	发射信号功率放大	射频电路
	RF6025	调制解调、锁相环控制及信号处理	射频电路

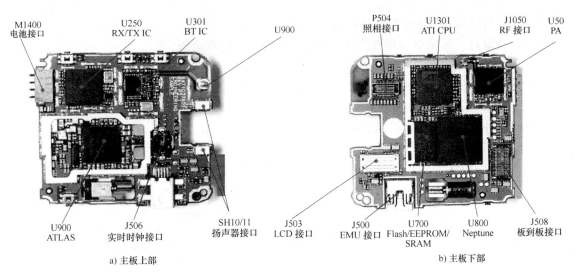

a) 主板上部

b) 主板下部

图 3-19　L7 手机主板实物

3.2.1　L7 手机基带电路结构

L7 手机基带电路组成框图如图 3-20 所示，基带电路非常简单，硬件主要包括电源管理和用户接口芯片（ATLAS）、双核处理器（Neptune）、存储器（Flash）以及配合 CPU 进行图像显示处理的专用芯片——图形加速器（ATI）。这组芯片构成了手机的逻辑、电源和用户接口共三部分功能电路模块，即基带电路模块。

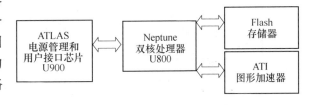

图 3-20　L7 手机基带电路组成框图

3.2.2　基带芯片组

1. 电源管理和用户接口芯片 ATLAS

（1）ATLAS 高端特性

1）通过扩展 Mini- USB 接口进行电池充电。

2）通过 10 位的模- 数转换器进行电池监测和其他数据读取。

3）核心处理器、系统存储器和其他负载的电源跳变转换器。

4）背景灯、USB 电源等的升压转换器。

5）集成稳压器。

6）手机与耳机传输放大器。

7）手机振铃扬声器、单声道/立体声耳机接收放大器、外部电源驱动。

8）3 位窄带/宽带取样语音编解码器。

9）16 位支持综合取样速率立体声数-模转换。

10）多设备连接网络模式音频数据线。

11）处理器接口电源控制逻辑与状态检测。

12）实时时钟与晶体振荡器电路。

13）串行外围总线 SPI 控制数据线。

14）背景灯三区域驱动和支持跳变趣味灯光等的三色驱动器。

15）USB OTG 收发器车载系统支持。

16）10mm×10mm 球栅格阵列封装 BGA，185 引脚。

（2）ATLAS 内部框图

电源管理和用户接口芯片 ATLAS 内部结构框图如图 3-21 所示。

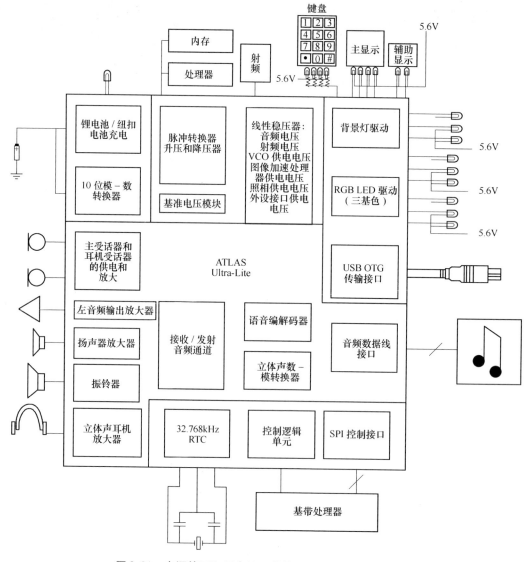

图 3-21　电源管理和用户接口芯片 ATLAS 内部结构框图

（3）ATLAS 功能

ATLAS 共描述了以下几部分功能，结合图 3-21 逐一进行介绍。

1）音频部分。ATLAS 框图的左侧是手机中的各种电声器件的电路符号，包括：

① 主受话器：Handset Mic。

② 耳机受话器：Headset Mic。

③ 左音频输出放大器：Left Audio Output Amplifier。

④ 扬声器（听筒）：Speakerphone。

⑤ 立体声耳机放大器：Stereo Headset。

⑥ 振铃器：Alert。

音频部分由受话器放大器、扬声器放大器、语音编解码器和立体声数-模转换器组成。三个受话器放大器用于提供手机、耳机及外部受话器的音频放大，受话器电源可被关闭，耳机受话器电源包含受话器检测功能。

语音编解码器符合 GSM 音频规范，支持窄带和宽带音频编解码。

2）转换器和稳压器。ATLAS 提供几组系统参考基准电压及电源电压，可用于多芯片系统。

脉冲转换器提供系统处理器或低电压电路的供电；升压转换器提供白色背景灯和 USB 收发器稳压器的供电；线性稳压器直接由电池供电并为 I/O 接口和外围设备供电。

3）电池管理。ATLAS 可支持不同模式的充电和电源配置，包括单/双路充电或串行通路充电。在单路充电模式下，手机只依靠电池供电，因此电池必须有效存在；在双路充电模式下，手机可以由充电器供电进行操作，即使没有安装电池。串行通路充电模式类似于双路充电模式，只支持较少的外部设备。充电电路既包括所需的通过 USB 充电的电路，又包括向外部附件供电的电路。电池管理包括过压检测、短路检测和低压检测。另外，电池管理系统包含一个模-数转换器用于测量充电电流、电池电压、电池温度及其他相关信号。

4）逻辑部分。ATLAS 通过 SPI 数据线进行编程，由直接逻辑接口提供通信，通过开机模式选择引脚（PUMS）进行设备初始启动。手机的供电部分由 ATLAS 驱动，它包括开机键的接口并与处理器共享信号，在主电源不能供电时备份的纽扣电池可以保证存储芯片和实时时钟的工作。纽扣电池具有自己的充电电路。

ATLAS 通过集成的低功耗标准手表晶体振荡器保持系统的时钟，这个晶体振荡器主要用于内部时钟、逻辑控制及锁相环基准等。系统计时主要包括时钟、日历和闹钟，同时时钟也为处理器提供基准和深度睡眠模式计时。

2. 基带处理器

L7 采用 Neptune 作为基带呼叫处理器，Neptune 主要应用于 2.75G 的 GSM 手机，它采用双核处理器，包括数字信号处理器（DSP）和微控制器（MCU），支持 EDGE。

（1）主要特点

1）CMOS90（90nm）处理工艺。

2）BGA 封装，257 引脚。

3）基带处理器芯片内存。

① MCU RAM：512KB。

② MCU ROM：128KB。

③ DSP X RAM：40KB。

④ DSP Y RAM：40KB。

⑤ DSP PRAM：63.75K×24bit。

⑥ DSP X ROM：80KB。

⑦ DSP Y ROM：80KB。

⑧ DSP P ROM：127K×24bit。

（2）程序存储器芯片

1）BGA 封装，88 引脚。

2）程序存储器芯片内存。

① PSRAM：8MB。

② Neptune 内部的 AEIM 模块用于与外部存储器的连接，为内部的寄存器提供操作时的读写时间匹配控制。

（3）Neptune 与内存通信框图

Neptune（CPU）与内存通信框图如图 3-22 所示。

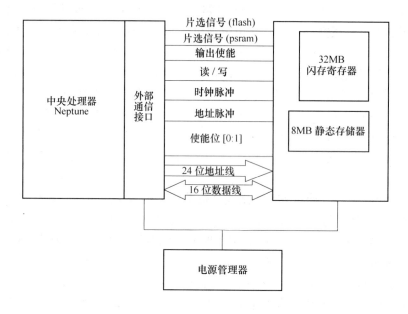

图 3-22　Neptune（CPU）与内存通信框图

3.2.3　射频芯片组

1. 功率放大器 RF3178

RF3178 是大功率内部集成功率控制的高效能功率放大模块，其包含 50Ω 输入输出阻抗，由于功率控制内部集成，通过数-模转换器（DAC）的输出可以直接驱动功率放大器（PA）。此模块适用于四频频率范围，功率控制可提供 50dBm 的动态范围。

功率放大器 RF3178（U50）内部结构如图 3-23 所示。

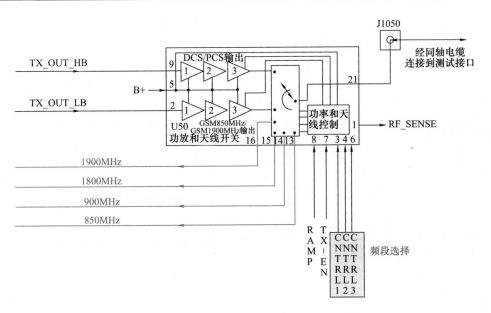

图 3-23　功率放大器 RF3178（U50）内部结构图

2. 收发信号处理合成器 RF6025

RF6025 内部集成了四个低噪声放大器（LNA）、集成压控振荡器（VCO）、自动增益控制（AGC）电路、下变频积分混合器、高低频段发射缓存以及 SDI 控制的高性能锁相环（PLL）；具有 A-D/D-A 转换器的基带数字滤波器、EDGE 极性调节器、双电源发射 VCO、GMSK 调制器和 PA 波形控制 DAC。

接收信号在 RF6025 内部进行滤波、低噪声放大、混频、增益、解调、A-D/D-A 转换后变为模拟基带信号（IQ 信号）输出至 CPU。

技能训练一　手机的拆装与片式元器件的识别和检测

一、实训目的

1）熟悉手机的拆卸和装配。

2）手机主要元器件识别和检测训练。

二、实训器材

1）摩托罗拉 L7 手机	1 部
2）万用表	1 台
3）手机专用拆卸工具	1 套

三、训练内容与步骤

1）手机的拆卸。

2）片式电阻、电容和电感的识别与检测训练。仔细观察片式电阻、电容和电感元件的颜色、标志和尺寸等，并进行简单检测，完成表 3-2。

3）片式二极管、晶体管和场效应晶体管的识别与检测训练。仔细观察片式二极管、晶体管和场效应晶体管器件的颜色、标志和引脚等，并进行简单检测，完成表 3-3。

表3-2 片式电阻、电容和电感的识别与检测训练

序　号	1	2	3	4	5	6	7	8
名称								
外形								
颜色								
引脚极性								
标称值								
测量值								
备注								
所用时间			成绩			指导教师签名		

表3-3 二极管、晶体管和场效应晶体管识别与检测训练

序　号	1	2	3	4	5	6	7	8
名称								
外形								
颜色								
引脚极性								
引脚数目								
封装方式								
所用时间			成绩			指导教师签名		

4）手机的装配

将已经拆卸的手机装配复原，装配的步骤按照拆卸的相反流程进行；检验装配后的手机功能是否正常。

四、讨论

1）此手机的拆卸要领是什么？

2）如何区分晶体管和场效应晶体管？

3）手机装配后，应如何检查装配的质量？

任务三　数字万用表的使用

 学习目标

◇ 掌握数字万用表的测量功能；

◇ 熟悉数字万用表面板操作按钮作用。

工作任务

◇ 掌握数字万用表常用测量功能；

◇ 掌握数字万用表的使用方法；

◇ 熟练操作数字万用表面板按钮；

◇ 掌握数字万用表在手机信号和元器件参数测量中的应用；

◇ 完成技能训练二。

数字万用表分为手持式和台式两大类。在对手机主板性能的测试与维修中，经常用到的是准确率、分辨力较高的台式数字万用表，所以这里主要介绍台式数字万用表的基本测试技术，并结合技能训练二进行手机电路中具体信号的测量，学习数字万用表的具体应用，培养学生数字万用表的操作技能。

3.3.1　数字万用表的面板布置

Agilent 34401A 是一台 6 位半、高性能的数字万用表，它结合了实验室及系统的特性，除具备万用表的一般功能外，还具有二极管性能测试、连续性测试及频率测试等功能，可满足现在和未来在测量方面的多种需求。

Agilent 34401A 数字万用表面板如图 3-24 所示。面板上各开关、按钮、插孔的作用如下：

1. 电源开关

用于接通或切断电源。

2. 显示器

采用真空荧光显示器，测量期间会自动点亮，用于显示测量数值。显示格式为

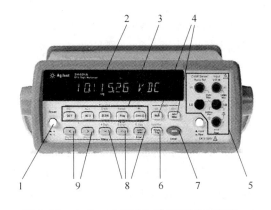

图 3-24　Agilent 34401A 数字万用表面板

　– H. DDD, DDD. EFFF

符号含义表示如下：

1）" – "表示负号，如为正号则显示空白。

2）"H"表示"1/2"位数（0 或 1）。

3）"D"表示数字。

4）"E"表示指数（k、M）。

5）"F"表示测量单位（VDC、OHM、Hz、dB）。

3. 测量功能键

测量功能键用来选择各种测试功能和操作，可分别进行交直流电压、交直流电流、电阻、频率、周期、二极管、连续性等测量。同时每个键都有转换（Shift）的功能，若要执行转换功能，请按 Shift 键，此时 Shift 指示器点亮，然后再按要执行的功能键。如要选择 DC 电流功能，则按 Shift 键及 DCI 键。操作中，若不慎按了 Shift 键，则只要再按一次，便可关闭 Shift 指示器。

4. 数学运算键

选择数学运算功能，每一次只能启动一种，数学运算功能是对每一个读数或已存储的一系列读数数据执行数学运算。选定的数学运算功能保持有效，直到取消数学运算、改变功能、关闭电源或执行遥控接口复位为止。

5. 输入端插孔

用于外接测试表笔，根据测量对象选择相应的插孔，白色按钮为前/后输入端选择开关。

6. 单次触发/自动触发/读数保持键

可以使用单次触发和自动触发来触发万用表。接通万用表时，自动触发功能即启动。单次触发是指每当按下 single 键时便采样一个读数，然后等待下一次触发。读数保持功能可以在显示器上捕捉和保持一稳定的读数。

7. 转换键（Shift）/本地键

与各功能键配合实现功能转换。

8. 量程/位数显示键

该键用于自动或手动选择量程，也可以将显示分辨力设定为 4 位半、5 位半或 6 位半。

9. 菜单操作键

菜单是以一个由上而下具有三层（菜单、命令和参数）的树状结构组成，实现包括开启菜单、关闭菜单和执行菜单命令等操作。

3.3.2 数字万用表的基本测试技术

1. 测量电压

将红、黑表笔插入相应的插孔中，Agilent 34401A 电压测量接线如图 3-25 所示。测量直流电压时选择 DC V 测量功能按键；测量交流电压时选择 AC V 测量功能按键，此时测量读数是交流电压有效值。量程分别为 100mV、1V、10V、100V、1000V，最大分辨力为 100nV（在 100mV 量程时）。

2. 测量电流

红、黑表笔插入相应的插孔中，Agilent 34401A 电流测量接线如图 3-26 所示。测量直流电流时选择 DC I 测量功能按键；测量交流电流时选择 AC I 测量功能按键，此时测量读数是交流电流有效值。

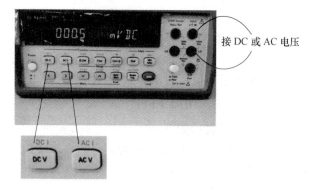

图 3-25　Agilent 34401A 电压测量接线

量程分别为 10mA（只适用于 DC）、100mA（只适用于 DC）、1A、3A，最高分辨力为 10nA（在 10mA 量程时）。测量时应把数字万用表串联接入被测电路，即可得到测量结果。

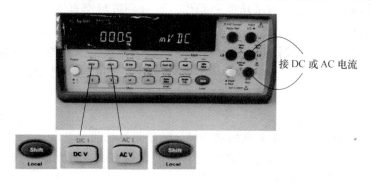

图 3-26　Agilent 34401A 电流测量接线

3. 测量电阻

选择电阻测量按键，Agilent 34401A 电阻测量接线如图 3-27 所示。量程分别为 100Ω、

$1k\Omega$、$10k\Omega$、$100k\Omega$、$1M\Omega$、$10M\Omega$、$100M\Omega$，最大分辨力为 $100\mu\Omega$（在 100Ω 量程时）。

4. 测量频率/周期

选择频率/周期测量按键，Agilent 34401A 频率/周期测量接线如图 3-28 所示，将黑表笔接地，红表笔接测试点。Agilent 34401A 数字万用表测量频带范围是：$3Hz \sim 300kHz$（$0.33s \sim 3.3\mu s$），输入信号范围是：$AC100mV \sim 750V$。

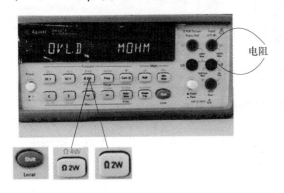

图 3-27　**Agilent 34401A 电阻测量接线**

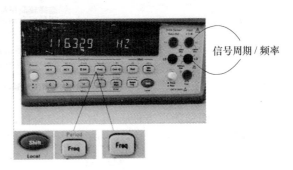

图 3-28　**Agilent 34401A 频率/周期测量接线**

5. 测量二极管

选择二极管测量按键，Agilent 34401A 二极管测量接线如图 3-29 所示。测量电流源为 $1mA$；最高分辨力为 $100\mu V$（量程固定为直流 $1V$）；蜂鸣器阈值为 $0.3V$ 和 $0.8V$（$0.3V \le$ 测量到的电压值 $< 0.8V$（不可调））。

6. 测试连续性

选择蜂鸣器功能键，Agilent 34401A 连续性测试接线如图 3-30 所示。

将红黑表笔分别连接在待测支路两端，不用考虑表笔的极性。测试电流源为 $1mA$；最高分辨力为 0.1Ω（量程固定为 $1k\Omega$）；蜂鸣器阈值为 $1 \sim 1000\Omega$（若低于可调的阈值，则会发出蜂鸣声）。

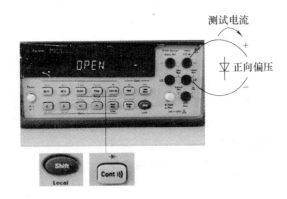

图 3-29　**Agilent 34401A 二极管测量接线**

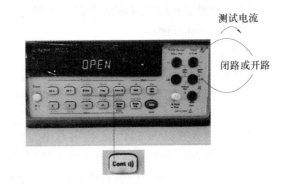

图 3-30　**Agilent 34401A 连续性测试接线**

7. 量程选择

测量时，应根据被测量的大小合理选择量程。选择量程时，可利用数字万用表的自动选档功能来选择，或使用手动选档功能选择固定的量程，Agilent 34401A 量程选择如图 3-31 所示。

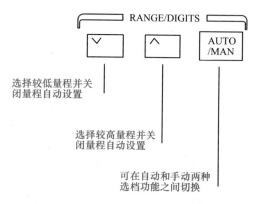

图 3-31　Agilent 34401A 量程选择示意图

　　自动选档功能很方便，因为万用表会自动选出适合每一次测量的量程。不过，使用手动选档功能可加速测量，因为万用表不需要花时间决定每一次测量的量程。启动手动选档功能后，手动指示器（MAN）便点亮。

技能训练二　数字万用表使用训练

一、测试设备

1）Agilent 34401A 数字万用表 1 台。

2）Agilent 66319B 通信直流电源 1 台。

3）L7 手机主板 1 块。

二、测试准备

1）测试信号电压前启动相应的电路。

2）做好测试记录准备。

三、测试内容与要求

按照测试程序完成测试内容，并撰写测试报告。

四、测试程序

1. L7 手机中的直流电压测量

（1）测量 L7 手机外接供电直流电压

1）将外部直流电源电压输出调整到 4.5V，电流输出设置为 2A，将直流电源供电输出和 L7 手机电池接口连接。

2）选择 Agilent 34401A 数字万用表直流电压测量功能。

3）将万用表黑表笔接地，红表笔接 C913 测试点，观察万用表读数并记录。

（2）测量其他与供电正极相通的直流电压

1）选择 Agilent 34401A 数字万用表直流电压测量功能。

2）将万用表黑表笔接地，红表笔接功放 U50 的供电电压 B + 的测试点，观察万用表读数并记录。

3）将万用表黑表笔接地，红表笔接电源 U900 的供电测试点 C935，观察万用表读数并记录。

（3）测量侧键信号电压

接下侧键后，信号电压应由高电平跳到低电平（恢复后由低电压跳到高电平）。将万用表黑表笔接地，红表笔接侧键信号测量端，观察电压高低电平的变化。

（4）测量逻辑电路供电电压

L7 手机开机后，分别测量电源 IO_REG，测试点在 C903；电源 REF_REG，测试点在 C904；电源 RF_REG，测试点在 C908；电源 AUD_REG，测试点在 C912。测量方法同上。

注： 逻辑电路供电电压基本上都是不受控的，一般是稳定的直流电压，即只要按下开机键就能测到，电压值就是标称值。

2. 电阻测量

（1）测量普通电阻

1）选择电阻测量功能，并进行量程选择。

2）将万用表的红黑表笔分别接在 R2299 电阻的两端，无需考虑表笔极性，记录万用表读数。

（2）测量对地电阻

1）选择电阻测量功能，并进行量程选择。

2）将黑表笔接地，红表笔接 IO_REG 测试点，记录万用表读数，与该测试点对地实际阻值比较。

3. 手机的实时时钟频率/周期测量

1）将手机加电开机。

2）选择频率/周期测量按键。

3）将一支表笔接地，另一支表笔接实时时钟 32kHz 振荡时钟的测试点 R330，观察万用表读数，并记录。

4. 二极管测试

1）选择二极管测量按键。

2）测量二极管 VR508 的正向偏压，记录万用表读数。

5. 线路连接状态测量

1）选择蜂鸣器功能。

2）将两支表笔分别连接待测量支路两端，不用考虑表笔的极性，观察记录状态。

任务四　数字示波器的使用

学习目标

◇ 了解数字示波器的正确使用方法；

◇ 掌握数字示波器的测量功能；

◇ 熟悉数字示波器面板操作按钮作用。

工作任务

◇ 掌握数字示波器常用测量功能；

◇ 掌握数字示波器的使用方法；

◇ 熟练操作数字示波器面板按钮；

◇ 掌握数字示波器在手机信号测量中的应用；

◇ 完成技能训练三。

电信号通常包含频率、幅度、相位等参量，不同的信号可能具有不同的波形。进行电子测量时，我们往往希望能直观地观察被测信号随时间变化的波形，以测量其幅度、频率、周期等基本参量。波形显示与测试技术能很好地满足人们的这一愿望，进行波形显示与测试最常用的仪器就是示波器。

3.4.1 示波器的选择和正确使用

示波器种类繁多，要获得满意的测量结果，应该合理选择和正确使用示波器。

1. 示波器的选择

1）定性观察频率不高的一般周期性信号，可选用普通示波器。

2）观察非周期信号、宽度很小的脉冲信号，应选用具有触发扫描或单次扫描的宽带示波器。

3）观察快速变化的非周期性信号，应选用高速示波器。

4）观察频率很高的周期性信号，可以选用取样示波器。

5）观察低频缓慢变化的信号，可选用长余辉、慢扫描示波器。

6）需要对两个信号进行比较时，应选用双踪示波器；需要对两个以上信号比较时，则选用多踪示波器或多束示波器。

7）若被测信号为一次性过程或复杂波形，需将被测信号存储起来，以便进一步分析、研究，可选用数字存储示波器。

2. 示波器的正确使用

（1）使用注意事项

1）选择合适的电源，并注意机壳接地，使用前要预热几分钟再调整各旋钮。

2）经过探极衰减后的输入信号切不可超过示波器允许的输入电压范围，并应注意防止触电。

3）灰度要适中，不宜过亮，且亮点不能长时间停留在同一点上，特别是暂时不观测波形时，更应该将辉度调暗，以免缩短示波器的使用寿命。

4）根据需要，选择合适的输入耦合方式。

5）聚焦要合适，不宜太散或过细。

6）测量前要注意调节"轴线校正（TRACE ROTATION）"旋钮，使荧光屏刻度轴线与显示波形的轴线平行。

7）探极要与示波器配套使用，不能互换，且使用前要校正。

8）波形不稳定时，通常按"触发源"、"触发耦合方式"、"触发方式"、"扫描速度"、

"触发电平"的顺序进行调节。

（2）探头的正确使用

探头也称探极，其作用是可以提高示波器的输入阻抗，增强抗干扰能力，扩展示波器的量程。探极主要包括有源探极：衰减比为1:1，适于测试高频小信号；无源探极：衰减比为10:1，用于高频测量。

无源探极的结构如图3-32所示。

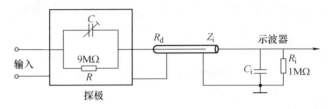

图3-32 无源探极的结构

低电容高电阻探极可进行定期校正，具体方法是：将示波器标准信号发生器产生的方波加到探极上，用螺钉旋具左右旋转补偿电容 C，直到调出正确的方波，即正确补偿为止，不同补偿时的波形如图3-33所示。正常补偿波形如图3-33 a所示，过补偿波形如图3-33 b所示，欠补偿波形如图3-33 c所示。

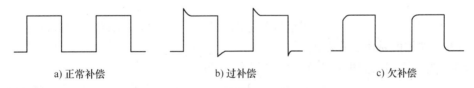

a) 正常补偿   b) 过补偿   c) 欠补偿

图3-33 不同补偿时的波形

3.4.2 数字示波器的基本测试技术

Agilent 54621A 是带宽为60MHz的模拟双通道数字示波器，如图3-34所示，该示波器具备新型的 MegaZoom 技术，将数字示波器和模拟示波器的优点结合在一起，保持高取样率，能捕获长时间非周期信号。该示波器组合了深存储器、前面板响应能力和显示屏更新率，因此不需要选择特定的工作模式或存储器深度。Agilent 54621A 型数字示波器面板如图3-35所示。

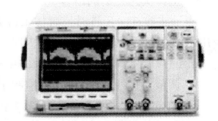

图3-34 Agilent 54621A 型数字示波器

1. 打开示波器电源开关

打开此开关后，一些前面板按键指示灯将变亮，大约5s后示波器可以工作。

2. 调整波形亮度

"亮度控制"旋钮在前面板左下角，逆时针旋转旋钮，降低波形亮度；顺时针旋转旋钮，增加波形亮度。要调整屏幕上网格的亮度，可按面板上的 Display（显示）键，然后旋转输入旋钮（在前面板标有↻标志），以调整 Grid（网格）控制。

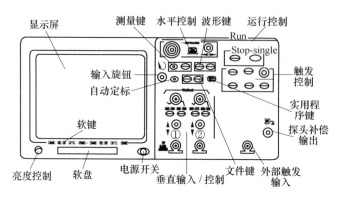

图 3-35　Agilent 54621A 型数字示波器面板

3. 连接示波器的模拟探头

将 1.5m、10:1 示波器探头连接到示波器模拟通道，测量时需将探头上的收缩式探钩连接到有关的电路点。

4. 补偿模拟探头

补偿模拟探头使探头特性与示波器相匹配，避免测量误差。方法是：

1）将探头连接到前面板右下角的探头补偿（Probe Comp）输出端；

2）按下 Autoscale（自动定标）；

3）使用调整工具（非金属）调整探头上的微调电容器，以获取最平坦脉冲。

5. 检查示波器的基本工作状况

1）将探头连接到前面板右下角的探头补偿（Probe Comp）输出端；

2）按前面板上的保存/调用（Save/Recall）键，然后按显示器下面的默认设置（Default Setup）软键，现在已把示波器设置为默认设置；

3）按自动定标（Autoscale）键，则能看到峰-峰幅度大约为 5 格、周期大约为 4 格的方波，如果未看到波形，应保证电源正确连接，探头应牢固地连接到前面板通道 1 和 Probe Comp 输出端。

6. 选择快速帮助的语言

当示波器首次开机时，可按 Language（语言）软键，以选择快速帮助的语言。在开始使用示波器后，按 Utility（实用程序）键，然后按 Language 软键，则可显示语言菜单。连续按 Language 软键，直到在语言列表中选定所需语言为止。

7. 调整模拟通道垂直输入/控制定标和位置

1）用位置旋钮把信号放到显示中央，位置旋钮（↕）用来垂直移动信号。注意随着位置旋钮的转动，会短时显示电压值，指示参考电平与屏幕中心的距离，同时屏幕左端的参考接地电平符号随位置旋钮的旋转而移动。

2）改变垂直位置，并注意每一项改变对状态行产生的不同影响，于是可从所显示的状态行迅速确定垂直位置。

① 用前面板垂直（模拟）（Vertical（Analog））部分的"V/div"大旋钮改变垂直灵敏度，注意所引起的状态行变化。

② 按 1 键，通道 1 开启（1 键点亮），通道 1 菜单显示，V/div 旋钮能以 1、2、5 的步

进序列改变通道垂直灵敏度。

③ 关闭通道，按通道 1 键，直到该键不再点亮。

8. 设置模拟通道的探头衰减系数

如果在模拟通道上接有 AutoProbe 自感应探头（如 10073C 或 10074C），示波器将把探头自动配置为正确的衰减系数。如果未连接 AutoProbe 自感应探头，可按下通道键 Probe（探头）子菜单软键，然后通过旋转输入旋钮设置所接探头的衰减系数。衰减系数的设置范围为 0.1∶1 ~ 1000∶1，以 1、2、5 的增量序列设置。

9. 设置水平时基

1）旋转水平扫描速度（s/div）旋钮，注意所引起的状态行变化。扫描速度旋钮以 1、2、5 的步进序列在 5ns/div 至 50s/div 范围内改变扫描速度，显示屏顶部的状态行显示扫描速度值。

2）按主扫描/延迟扫描（Main/Delayed）键，选择主扫描水平模式，然后按微调（Vernier）软键通过 s/div 旋钮以较小的增量改变扫描速度。

3）旋转延时旋钮（◆），设置延迟时间，注意在状态行中显示出它的数值。

4）按 Run/Stop 键，当其为红色时，示波器停止运行，分别用 s/div 旋钮和延时旋钮（◆）平移和缩放图形。

10. 开始和停止采集

1）当 Run/Stop 键为绿色时，示波器处于连续运行模式，此时是对同一信号进行多次采集，这种方法与模拟示波器显示波形的方法类似。

2）当 Run/Stop 键变为红色时，示波器停止运行，此时旋转水平和垂直旋钮，能对保存的波形进行平移和缩放。

3）在用户请求停止和当前采集完成之间的过程中 Run/Stop 键闪烁。

使用 Single 运行控制键可进行一次触发采集，用于观察单次事件，使显示不会被后继的波形数据覆盖。

11. 选择触发模式

1）按下前面板触发（Trigger）部分的模式/耦合（Mode/Coupling）键。

2）按下 Mode 软键，然后选择 Normal、Auto 或 Auto Level 触发。

① 常规触发（Normal）模式显示符合触发条件时的波形，否则示波器不触发，显示屏也不更新。

对于低重复率信号或不需要自动触发的情况，应使用常规触发模式。在这种工作模式下，不管是按下 Run/Stop 键还是按下 Single 键开始采集，示波器行为相同。

② 自动触发（Auto）模式与常规模式类似，只是它将在不符合触发条件时强制示波器触发。除低重复率信号和未知信号电平外，均可使用自动触发模式。

③ 自动电平触发（Auto Level）模式仅当边沿在模拟通道上触发或外部触发时可用。示波器首先尝试常规触发，如果未找到触发，它将在触发源至少 10% 满刻度的范围搜索信号，并把触发电平设置于 50% 幅度点。如果仍没有信号，示波器就自动触发。在显示 DC 信号时，必须使用这两种自动触发模式中的一种，因为没有可用于触发的边沿。

12. 选择触发耦合

1）按下模式/耦合（Mode/Coupling）键。

2）按下耦合（Coupling）软键，然后可选择 DC（直流耦合）、AC（交流耦合）、低频抑制（LF Reject）或 TV 耦合。

3）若要选择噪声抑制或高频抑制时，则需先按下 Mode/Coupling 键，然后再按下噪声抑制（Noise Reject）软键选择噪声抑制，或按下高频抑制（HF Reject）软键选择高频抑制。

13. 进行自动测量

1）按 Quick Meas（快速测量）键显示自动测量菜单，测量功能包括以下内容：

① 时间测量。

② 相位和延迟。

③ 电压测量。

④ 前冲和过冲。

2）按 Source 软键选择快速测量要使用的通道或正在运行的数学函数。

3）按 Clear Meas（清除测量）软键停止测量，清除软键上方测量行中的测量结果，当再次按 Quick Meas（快速测量）键，模拟通道上的默认测量将是频率和峰–峰值电压。

4）按 Select（选择）软键，选择在该源上进行的测量，然后旋转输入旋钮 ↻，从弹出的列表中选择需要的测量。

5）在某些测量中，可以使用 Settings（附加设置）软键进行其他测量设置。

6）按 Measure（测量）软键进行选定的测量。

7）再次按 Quick Meas 键，关闭测量功能。

技能训练三　数字示波器使用训练

一、测试设备

1）Agilent 66319B 移动通信直流电源 1 台。

2）Agilent 34401A 数字万用表 1 台。

3）Agilent 54621A 数字示波器 1 台。

4）L7 手机主板 1 块。

二、测试准备

1）熟悉示波器面板按钮操作方法。

2）L7 电路原理图和元器件布局图准备。

3）电源输出正确设置，其他仪器相关功能正常启用。

4）做好波形数据测试记录准备。

三、测试电路

L7 基带电路。

四、测试内容与要求

按照测试程序完成测试内容，并撰写测试报告。

五、测试程序

1. 射频脉冲供电电压测量

1）利用 DC 电源为手机主板供电，使手机开机。

2）待机状态下先用示波器通道 1 连接测试信号，利用自动定标功能，分别测试射频供电 RF_REG，测试点在 C908；射频控制电压 CNTRL_1，测试点在 C1052，再用万用表进行测试，观察测试结果的异同。

2. 26MHz 系统时钟和 32.768kHz 实时时钟信号波形测量

1）利用自动定标（Autoscale）功能，测试 26MHz 系统时钟信号波形，记录波形和幅度，测试点在 C806。

2）测试 32.768kHz 实时时钟信号波形，记录波形和幅度。

3. 发射功率控制信号测量

1）利用自动定标（Autoscale）功能，测试发射功率控制信号 RAMP，测试点在 C1056，在测试前先将主板设置为发射状态以启动发射电路。

2）观察并记录信号波形和幅值。

4. 接收使能 RX_EN 和发射使能 TX_EN 信号测量

1）利用自动定标（Autoscale）功能，测试 RX_EN 和 TX_EN 信号，在测试前先将主板设置为接收/发射状态，并启动接收和发射电路。

2）观察并记录信号波形和幅值。

5. 显示片选 LCD_CS 测量

利用上述方法测试 LCD_CS 的显示数据信号波形，测试点在 R275。

6. 振铃两端的信号测量

1）将手机设置在铃声状态，利用自动定标（Autoscale）功能，测试振铃两端，测试点分别在 C940、C941，测试时应有音频波形出现。

2）记录波形和幅度。

任务五　频谱分析仪的使用

学习目标

◇ 了解频谱分析仪的重要工作指标；
◇ 掌握频谱分析仪的基本测量功能；
◇ 熟悉频谱分析仪面板操作按钮作用。

工作任务

◇ 掌握频谱分析仪基本测量功能；
◇ 掌握频谱分析仪的基本测试方法；
◇ 熟练操作频谱分析仪面板常用按钮；
◇ 掌握频谱分析仪在手机射频信号测量中的应用；
◇ 完成技能训练四。

频谱分析仪在频域信号分析、测试、研究中有着广泛的应用。它能同时测量信号的幅度及频率，测试比较多路信号及分析信号中所包含的频率成分，即分析信号的频谱分布。频谱分析就是在频率域内对信号及其特性进行描述。频谱分析仪能对失真、相位噪声、噪声指数、2G 或 3G 无线通信制式相关信号进行分析。

频谱分析仪是手机维修过程中的一个重要测试仪器，主要用于测试手机逻辑和射频电路的信号。例如：逻辑电路的控制信号，射频电路的本振信号、中频信号、发射信号等。使用频谱分析仪可以使我们维修手机的射频接收通路变得简单。

3.5.1　频谱分析仪面板布置

Agilent E4403B 频谱分析仪主要测量手机射频信号的功率，是手机射频故障分析维修经常依赖的测试设备，下面着重介绍这一型号频谱分析仪的面板按键功能和基本测量方法。

Agilent E4403B 频谱分析仪面板如图 3-36 所示。各按键功能如下：

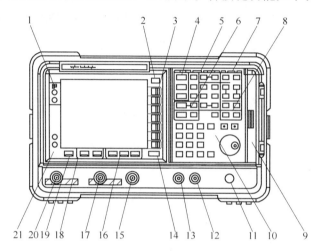

图 3-36　Agilent E4403B 频谱分析仪面板

1）Viewing Angle 键（观察角度键），允许调节屏幕显示，从而可从不同的角度进行最佳的观察。

2）Esc 键，可取消任何进行中的输入。Esc 键可终止一项打印作业（如果正在进行打印）并清除显示屏底部状态行中的错误消息。它还可以清除输入，并跟踪发生器的过载状况。

3）菜单键，是紧邻屏幕的无标识键，菜单键的标识是标注在紧邻无标识键的屏幕上。菜单键列出了那些并非由面板按键直接访问的功能。为了激活某一菜单键功能，可直接按下屏幕标注右方的键。所显示的菜单键取决于按下的是哪个面板键以及哪一菜单级在起作用。

在其标识中带有 On 和 Off 字样的菜单键可用来打开或关闭该菜单键功能。为了打开该功能，按一下其菜单键，使 On 加有下划线；为了关闭该功能，按一下其菜单键，使 Off 加有下划线。

4）FREQUENCY Channel（频率通道）、SPAN X Scale（扫描 X 刻度）、AMPLITUDE Y Scale（幅度 Y 刻度）是三个大键，它们可激活主要的分析仪功能并访问相关的功能菜单。

在某些测量中要使用这些键上的副标识。

5）CONTROL（控制）可访问允许调节分辨带宽、调节扫描时间和控制仪器显示的菜单，还可设置进行测量所需要的其他分析仪参数。

6）MEASURE（测量）可访问使某些通用的分析仪测量自动化的键菜单。一旦运行某一测量，Meas Setup（测量设置）即可访问定义该测量的附加菜单键，而 Meas Control（测量控制）和 Restart（重新启动）则可访问附加的测量控制功能。

7）SYSTEM（系统）影响频谱分析仪的整体状态，可用 SYSTEM 键访问各种设置和校正例程。绿色的 Preset 键将分析仪重置到一个已知的状态。

File（文件）键菜单允许对分析仪的存储器或软盘驱动器进行操作，以便存储和调用示迹、状态、界限线表和幅度修正因子。

Save（存储）键立即执行在 File 下定义的存储功能。

Print Setup 菜单键可用来配置硬复制输出。

Print 键立即将硬复制数据发往打印机。

8）MARKER（标记）控制着标记和沿分析仪示迹的频率与幅度读出，对最高幅度信号自动定位，并具有访问标记噪声（Marker Noise）和频带功率（Band Power）等功能。

9）介质门，位于面板右侧，用于访问 3.5in 磁盘驱动器。还有耳机连接器，供连接耳机插头用，旁通内部扬声器。

10）数据控制键，包括旋钮、数字键盘和步进键，可用来改变诸如中心频率、起始频率、分辨带宽及标记位置等有效功能的数值。

数据控制键以该功能规定的方式改变有效功能，例如，可以用旋钮以细密的步距改变中心频率；或用步进键以离散的步距改变中心频率；或者用数字键盘使其变到某一确定值。

旋钮允许连续改变诸如中心频率、参考电平、标记位置之类的功能。它还改变许多只以增加方式变化的功能的数值，顺时针方向旋转即增加数值。在连续变化中，改变的程度由测量范围的大小决定，旋钮转动的速度影响数值变化的速率。

数字键盘允许针对许多分析仪功能输入确切的数值，在数字部分中可输入小数点，否则，小数点置于该数字的末尾。数字输入必须用单位键终止。当数字输入开始时，菜单键将显示各单位键的标识。单位键的改变取决于有效的功能是什么，如频率跨度的单位键是 GHz、MHz、kHz、Hz；而参考电平的单位键则是 + dBm、− dBm、mV、μV。

步进键（⇓⇑）可离散地增加或减小有效的功能值。步距大小取决于分析仪的测量范围或某一预置值，每按一次导致一步的变化。对于那些有固定数值的参数，每按一次步进键，便按顺序选择下一个数值。

11）VOLUME（音量）旋钮用来调节内部扬声器的音量，可用在 Det/Demod（检波器/解调器）菜单中的 Speaker On Off（扬声器开/关）键打开与关闭扬声器。

12）EXT KEYBOARD（外部键盘）连接器是一种 6 脚微型 DIN 连接器，供将来连接计算机键盘用，当前不支持计算机键盘。

13）PROBE POWER（探头电源）为高阻抗交流探头或其他附件提供电源。

14）Return（返回）键可访问先前选择过的菜单，连续按 Return 键，即可访问更早选过的菜单。返回键也可结束字母、数字的输入。

15）AMPTD REF OUT（幅度参考输出）可提供 − 20dBm 的 50MHz 幅度参考信号。

16）Tab（制表）键用在界限编辑器和修正编辑器中四处移动，也用在由 File 菜单键所访问对话框的域中移动。

17）INPUT 50Ω（50Ω 输入）是分析仪的信号输入口。

18）Next Window（下一个窗口）键可用来选择在支持分屏显示方式功能中（如区域标记）的有效窗口，在这样的方式下，按下 Zoom（缩放）将允许在有效窗口的分屏显示与全屏显示间进行转换。

19）Help（帮助）键按下后，再按任何面板键或菜单键，即可得到该按键功能的简短说明和相关的 SCPI 命令。显示出帮助窗口后，可按 Esc 清除该帮助窗口，也可在显示了帮助窗口后，按下任意键清除帮助窗口，但按 Esc 键可在不改变任何功能的情况下去掉帮助窗口。

20）RF OUT 50Ω（50Ω 射频输出）或 RF OUT 75Ω，是内部跟踪发生器的源输出，仅限于选件。

21）I（电源开）键为接通分析仪电源，而 O（备用）键则断开分析仪的大多数电路的电源。每当分析仪接通电源时，将实行仪器校正。打开分析仪电源后，要有 5min 的预热时间，以保证分析仪满足其全部技术指标。

3.5.2　Agilent E4403B 频谱分析仪基本测试技术

下面通过测量一个输入信号来说明本型号频谱分析仪的测量方法。由于本机内部提供的 50MHz 幅度参考信号是现成的，故就用其作为测试信号。

1）首先，按 I 键接通仪器的电源，等待完成预热过程。

2）按 System 键后在屏幕右侧选择 Power On/Preset 和 Preset（Factory）。

3）按绿色的 Preset 键，然后完成对频谱分析仪参考信号输出的开关控制。

① 选择面板按钮 Input/Output，并从 AMPTD REF OUT（幅度参考输出）到 INPUT 50Ω 连接一条电缆，与内部的 50MHz 信号进行连接。

② 屏幕右侧出现"［Amptd Ref Out］：on off"。

③ 按下与该菜单项相对应屏幕右侧的菜单键，屏幕右侧出现"［Amptd Ref Out］：on off"，此时已经将频谱仪输入与内部 50MHz 参考信号接通。

4）设置频率。按 FREQUENCY（频率）键，屏幕左侧出现"Center Frequency"字样。Center Frequency 菜单键标识被加亮，表示中心频率为有效功能。有效功能区是屏幕上刻度网格内的一块空间，在该区给出有效功能的信息。可以利用旋钮、步进键或数字键盘改变有效功能值。通过按 5、0、MHz 将中心频率设置为 50MHz，也可以用旋钮和步进键来设置中心频率。

5）设置扫屏跨度。按 SPAN 键，在有效功能区显示"Span"字样，同时 Span 菜单键标识被加亮，表明它已成为有效功能。利用旋钮，按向下箭头键或按 2、0、MHz 将跨度减小为 20MHz。

6）设置幅度。当信号峰没有出现在屏幕上时，也许有必要调节屏上的幅度电平。按 AMPLITUDE（幅度）键，有效功能区中将出现"Ref Level 0.0dBm"的字样，Ref Level 菜单键标识被加亮，表明参考电平为有效功能。参考电平为显示屏中的顶部刻度线，且被置为 0.0dBm，改变参考电平值即改变了顶部刻度线的绝对幅度电平。可以利用旋钮、步进键或数字键盘改变参考电平值。按下数字键盘 0 至 9 中的任何数字，都将引出终止符菜单。

设置频率和幅度参数的目的是使被测信号位于仪表显示的中央，幅度尽量接近参考电平位置。频率与幅度间的关系如图 3-37 所示。改变中心频率即改变了信号在显示中的水平位置；改变参考电平则是改变信号在显示中的垂直位置；增大频率跨度是增大显示屏出现的频率范围。

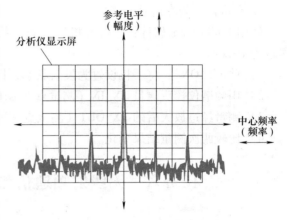

图 3-37 频率与幅度间的关系

7）设置标记。标记功能用于测量信号的频率和幅度。可在信号的峰点上放置一菱形标记，从而得到信号的频率与幅度。为激活标记，按下 Marker 键（位于面板的 MARKER 区）。这时标识 Normal 被加亮，表明标记已为有效功能。转动旋钮将标记置于信号峰点。另外，还可以利用 Peak Search 键，它可自动将标记置于示迹的最高点。标记的读出将出现在有效功能区，同时在屏幕的右上角出现：

① 标识信号频率读数 = 50. ####MHz。

② 标识信号幅度读数 = − ##. ####dBm。

技能训练四　频谱分析仪使用训练

一、测试设备

1）Agilent E4403B 频谱分析仪 1 台。

2）Agilent 66319B 通信直流电源 1 台。

3）L7 测量用手机主板 1 块。

二、测试准备

1）熟悉 Agilent E4403B 频谱分析仪面板按钮操作方法。

2）L7 电路原理图和元器件布局图准备。

3）电源输出正确设置，其他仪器相关功能正常启用。

4）做好波形数据测试记录准备。

三、测试电路

L7 发射电路。

四、测试内容与要求

按照测试程序完成测试内容，并撰写测试报告。

五、测试程序

1. 对信号绝对参数进行测试

利用频谱分析仪内部 50MHz 参考信号作为测试对象。

1）将频谱仪输入切换为内部 50MHz 参考信号。

2）用频谱分析仪对信号的频率、功率进行测试。

3）改变扫描时间，观察屏幕显示信号的变化情况。

2. 手机常见频率信号的测量

使用 Radiocomm 软件：手机开机进入测试状态，选择 GSM900MHz、CH 设为 37、功率级设为 10Lev。

1）单击"ON"，将手机设置为发射状态，即开发射。

2）用频谱仪探头测量 TX_IN（测试点在 C1062）频率、幅度和波形。

3）测量经过放大后的 TX_OUT（测试点在射频头）频率、幅度和波形。

4）比较两次测量结果变化。

任务六　无线射频通信测试仪 HP8960 的使用

学习目标

◇ 了解无线射频通信测试仪的重要工作指标；

◇ 熟悉无线射频通信测试仪的基本测量功能；

◇ 熟悉无线射频通信测试仪面板常用操作按钮作用。

工作任务

◇ 熟悉无线射频通信测试仪基本测量功能；

◇ 掌握无线射频通信测试仪的手动测试方法；

◇ 掌握无线射频通信测试仪在手机射频信号测量中的应用；

◇ 完成技能训练。

HP8960 在 Active Cell 模式中可以对模拟基站的各种参数进行设置，如 BCH、TCH 信道号码、时隙、场强、功率级等。手机与 HP8960 建立连接后可以从 HP8960 上读出来自手机的状态报告如接收电平（RX Level）、接收质量（RX Quality）等，还可以对手机发射的信号进行测量，主要有发射信号的功率、发射信号的峰值相位误差（Peak Phase Error）、均方根值相位误差（RMS Phase Error）、频率误差（Frequency Error）、TDMA Burst 的正/负向平坦度（Positive/Negative Flatness）和包络（Time Mask）测量等。另外，通过比较向手机中传送的随机数据和被手机环回（Loop Back）的数据，仪器还可以计算出手机在一定接收电平下的误码率（Bit Error Rate）。

3.6.1　无线 RF 通信测试仪基本使用方法

1. 无线 RF 通信测试仪 GSM 移动台测试技术

在 GSM 移动台上进行测量的流程如下：

（1）建立呼叫

建立呼叫界面如图 3-38 所示，建立呼叫步骤为：

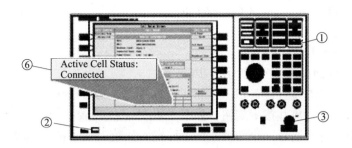

图 3-38　建立呼叫界面

1）按下蓝色的 SHIFT 键，如图 3-38 中的①位置所示。

2）按下绿色的 Preset（预置）键，如图 3-38 中的②位置所示。

3）连接移动台，如图 3-38 中的③位置所示。

4）打开移动台并等待其稳定，如果移动台无法稳定下来，请检查移动台是否正在使用测试仪默认的 PGSM 信元频带。

5）在移动台上按下 1、2、3，然后按下 Send（发送）。

6）检查 Active Cell Status（活动信元状态）域中是否显示 Connected（已连接），如图 3-38 中的⑥位置所示。

（2）选择测量项目

选择测量项目界面如图 3-39 所示，选择测量项目步骤为：

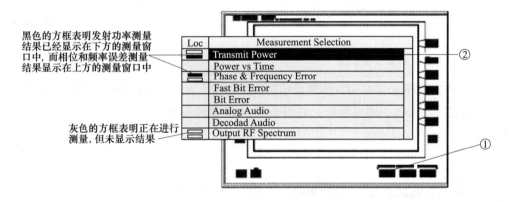

图 3-39　选择测量项目界面

1）按下 Measurement selection（测量项目选择）键，如图 3-39 中的①位置所示。

2）突出显示测量项目并按下旋钮，如图 3-39 中的②位置所示。

3）选择 Transmit Power（发射功率）测量项目。

4）选择 Power vs Time（功率周期）。

5）按 F2：Change View，更改观察窗口。

6）按 F4：Graph（图表），观察发射平坦度。

7）选择 Phase & Frequency Error（相位和频率误差）测量项目，观察 Peak Phase Error（峰值相位误差）、RMS Phase Error（均方根相位误差）和 Frequency Error（频率偏差）。

8）选择 GSM Bit Error Rate（误码率）测量项目，观察 Bit Error Rate（误比特率）值和 FER（误帧率）值。

（3）设置测量项目

设置测量项目界面如图 3-40 所示，步骤为：

1）按下测量项目的设置键（F1），如图 3-40 中的①位置所示。

2）突出显示一个参数并按下旋钮，如图 3-40 中的②位置所示。

3）输入一个数值或选择一个数值并按下旋钮，如图 3-40 中的③位置所示。对于统计型测量结果，将 Multi-Measurement Count（多次测量计数）参数从 Off（关闭）改为大于 1 的数值。

4）按下 Close Menu（关闭菜单）（F6）键，如图 3-40 中的④位置所示。

（4）关闭测量项目

关闭测量项目界面如图 3-41 所示，步骤为：

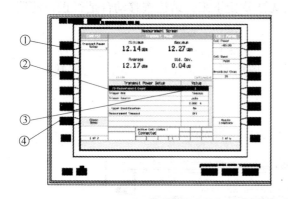
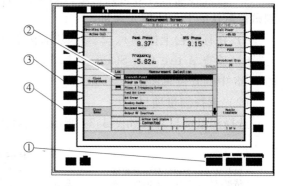

图 3-40　设置测量项目界面　　　　　　　　图 3-41　关闭测量项目界面

1）按下 Measurement selection（测量项目选择）键，如图 3-41 中的①位置所示。

2）突出显示要关闭的测量项目，如图 3-41 中的②位置所示。

3）按下 Close Measurement（关闭测量项目）（F4）键，如图 3-41 中的③位置所示。

4）按下 Close Menu（关闭菜单）（F6）键，如图 3-41 中的④位置所示。

2. 更改信元参数

（1）选择 Cell Parameters（信元参数）菜单

选择 Cell Parameters（信元参数）菜单界面如图 3-42 所示。

1）按下 CALL SETUP（呼叫设置）键，如图 3-42 中的①位置所示。

2）按下 Cell Info（信元信息）（F5）键。

3）按下 Cell Parameters（信元参数）（F2）键，如图 3-42 中的②位置所示。

（2）设置信元参数

更改网络信元参数界面如图 3-43 所示，方法步骤为：

1）突出显示 Cell Activated State（信元活动状态）并按下旋钮，如图 3-43 中的①位置所示。

2）将 Cell Activated State 设置为 Off（突出显示 Off 并按下旋钮），如图 3-43 中的②位置所示。

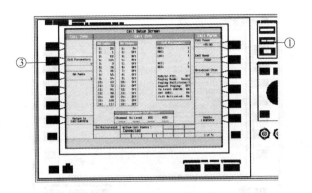

图 3-42 信元参数菜单界面

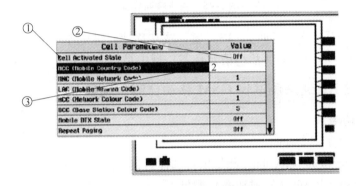

图 3-43 更改网络信元参数界面

3）将网络信元参数设置为所需的数值，突出显示该参数，按下旋钮，输入一个数值，再按下旋钮，如图 3-43 中的③位置所示。

4）将 Cell Activated State 设置为 On（开启）。

5）要更改其他所有的信元参数，突出显示相应参数，按下旋钮，输入一个数值，再按下旋钮。

3. 更改呼叫参数

1）按下 CALL SETUP（呼叫设置）键，如图 3-44 中的①位置所示。

2）按下 F7、F8 和 F9，如图 3-44 中的②位置所示。

3）输入一个数值或突出显示一个选择项并按下按键，如图 3-44 中的③位置所示。

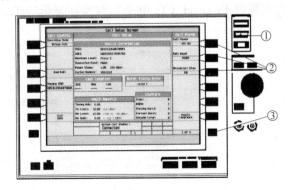

图 3-44 更改呼叫参数

4）若需要其他呼叫参数，请按下 More（其他）键。

4. 终止呼叫

终止呼叫界面如图 3-45 所示，方法步骤为：

1）按下 CALL SETUP（呼叫设置）键。

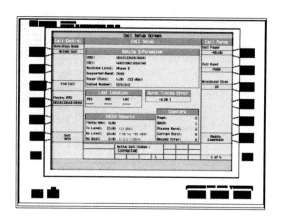

图 3-45 终止呼叫界面

2）按下 End Call（终止呼叫）（F3）键，或从移动台终止呼叫。

3）检查 Active Cell Status（活动信元状态）域中是否显示 Idle（空闲）状态。

3.6.2 无线 RF 通信测试仪 GSM 移动台测量项目

1. 测量发射功率

1）用移动台建立一个呼叫。

2）按下 Measurement selection（测量项目选择）键。

3）选择 Transmit Power（发射功率）测量。

4）按下 Transmit Power Setup（发射功率设置）（F1）键。

按照测量情况的需要设定测量参数，包括：Measurement Timeout = 5.0s，例如，发射功率测量结果如图 3-46 所示。

按下 CALL SETUP（呼叫设置）键，并使用 SACCH Reports（SACCH 报告）窗口，将移动台的报告 Tx Level（Tx 电平）与实际测量的 Transmit Power（发射功率）进行比较。

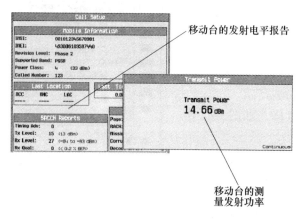

移动台的发射电平报告

移动台的测量发射功率

图 3-46 发射功率测量结果

2. 测量功率及其对应时间

1）用移动台建立一个呼叫。

2）按下 Measurement selection（测量项目选择）键。

3）选择 Power vs Time（功率及其对应时间），功率及其对应时间测量结果如图 3-47 所示。

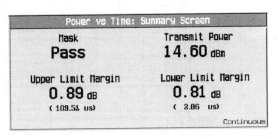

图 3-47　功率及其对应时间测量结果

4）按下 Power vs Time Setup（功率及其对应时间）（F1）键。

5）按下 Measurement Setup（测量项目设置）（F1）键。

6）按照测量情况的需要设定测量参数，包括：Measurement Timeout = 10s。

7）按下 Measurement Offsets（测量项目偏移量）（F2）键。

8）输入所需的时间偏移值。注意：偏移量以正常脉冲串的零比特为参考点，要获得 0 比特之前的测量点的结果，应输入负的偏移值。

9）按下 Close Menu（关闭菜单）（F6）键，屏幕上显示脉冲串是否位于 Mask（模板）中（通过或失败）、宽带载波器的 Transmit Power（发射功率）、Upper Limit Margin（上限）以及 Lower Limit Margin（下限）。

10）按下 Return to PvT Control（返回 PvT 控制）（F6）键。

11）按下 Change View（更改视图）（F2）键。

12）按下 Numeric 1 of 2（2 页数字的第 1 页）（F2）键，查看偏移量 1 至 6 的测量结果，或 Numeric 2 of 2（2 页数字的第 2 页）（F3）键，查看偏移量 7 至 12 的测量结果。

偏移量 1 至 6 的典型数字测量结果如图 3-48 所示。

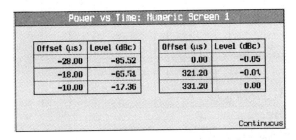

图 3-48　偏移量 1 至 6 的典型数字测量结果

13）按下 Graph（图形）（F4）键，以访问上行链路脉冲串的完整图形。

脉冲串测量完整图形视图如图 3-49 所示。通过/失败的总指示器位于显示屏左下角，如果整个模板均已通过测量，则显示绿色文字"Pass"通过；如果在模板的某处测量失败，则显示红色文字"Fail"失败。

测试中可以放大图形的各个部分，方法是按下 Full（完整）（F1）、Rising Edge（上升

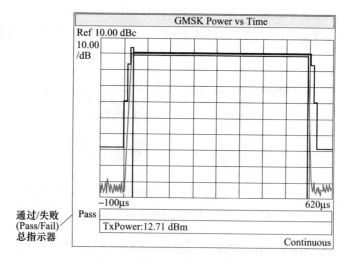

图 3-49　脉冲串测量完整图形视图

沿)(F2)、Falling Edge(下降沿)(F3)或 Useful(有用)(F4)键。此外,还可以按下 Graph Control(图形控制)(F5)键来控制标记或改变轴的值。

脉冲串上升沿的测量图形如图 3-50 所示,可通过按下 Rising Edge(上升沿)(F2)键来访问该视图。

在本例中,标记已启用并定位于上升沿。可通过按 Graph Control(图形控制)(F5)键,然后按 Marker Position(标记位置)(F2)键启用标记。使用旋钮或数字输入键设置所需的标记位置。标记的信号电平及其在 x 轴上的位置均显示在图形显示屏的顶端。

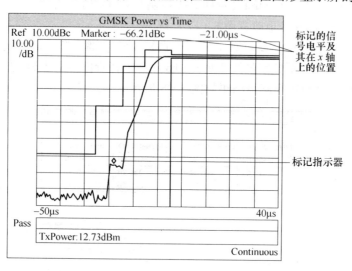

图 3-50　脉冲串上升的沿测量图形

如果需要查看功率及其对应时间图形菜单的详细信息,按下 Change View(更改视图)(F2)键,显示界面如图 3-51 所示。

3. 测量相位与频率误差

1)用移动台建立一个呼叫。

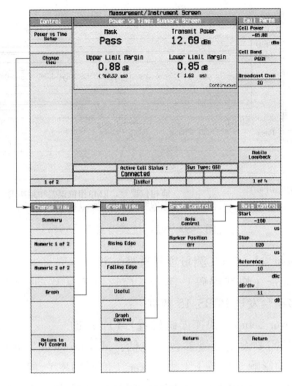

图 3-51 功率及其对应时间图形菜单

2）按下 Measurement selection（测量项目选择）键。

3）选择 Phase & Frequency Error（相位与频率误差）。

4）按下 Phase & Freq Setup（相位与频率设置）（F1）键。

5）按照测量情况的需要设定测量参数，包括：Measurement Timeout = 10s，典型的相位与频率误差测量结果如图 3-52 所示。

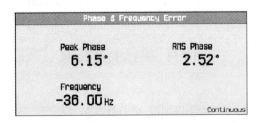

图 3-52 相位与频率误差测量结果

6）按下 Change View（更改视图）（F2）键。

7）按下 Graph（图形）（F2）键，访问峰相位误差图形，峰相位误差图形如图 3-53 所示。

4. 测量快速误码

注意：要进行快速误码测量，移动台必须配备 Test SIM 卡。

1）用移动台建立一个呼叫。

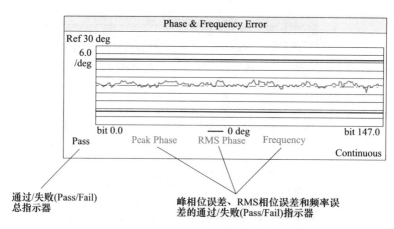

通过/失败(Pass/Fail)
总指示器

峰相位误差、RMS相位误差和频率误
差的通过/失败(Pass/Fail)指示器

图 3-53　峰相位误差图形

2）按下 Measurement selection（测量项目选择）键。

3）选择 Fast Bit Error（快速误码）测量，应该听到从移动台的扬声器中传出的颤动声，这是测试仪在向移动台发送 PRBS-15 数据。

4）按下 Fast Bit Error Setup（快速误码设置）（F1）键。

5）按照测量项目的需要设定测量参数，包括：Measurement Timeout = 13.0s，若要查看信元功率对快速误码率的影响，请按下 Cell Power（信元功率）（F7）键，并一边慢慢减少功率，一边观察显示屏上 Fast Bit Error（快速误码）测量结果，如图 3-54 所示。

观察减少信元功率的操作
是如何影响快速误码的

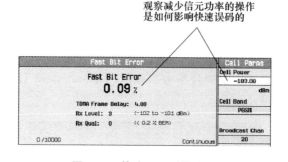

图 3-54　快速误码测量结果

5. 测量误码

注意：要进行误码测量，移动台必须配备 Test SIM 卡。

1）用移动台建立一个呼叫。

2）按下 Measurement selection（测量项目选择）键。

3）选择 Bit Error（误码）。

4）按下 Bit Error Setup（误码设置）（F1）键。

5）按照测量情况的需要设定测量参数，包括：Measurement Timeout = 13.0s，该显示屏显示误码率测量，并根据所选的回送类型（A 剩余或 B 无剩余），显示帧消除（FER）或循环冗余校验（CRC）测量项目。

若要查看信元功率对误码率的影响，请按下 Cell Power（信元功率）（F7）键，并一边慢慢减少功率,一边观察显示屏上 Bit Error(误码率)测量结果,如图 3-55 所示。

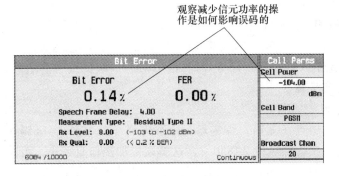

图 3-55 误码率测量结果

技能训练五 无线射频通信测试仪使用训练

一、测试设备

1)HP8960 无线射频通信测试仪 1 台。

2)L7 测量用手机主板 1 块。

二、测试准备

1)熟悉无线射频通信测试仪面板常用按钮操作方法。

2)L7 电路原理图和元器件布局图准备。

3)电源输出正确设置,其他仪器相关功能正常启用。

4)做好波形数据测试记录准备。

三、测试电路

L7 射频电路。

四、测试内容与要求

按照测试程序完成测试内容,并撰写测试报告。

五、测试程序

完成无线射频通信测试仪 GSM 移动台测量项目。

1)测量发射功率。

2)测量功率及其对应时间。

3)测量相位与频率误差。

4)测量快速误码。

5)测量误码。

测量方法和步骤参见 3.6.2 相关内容的介绍。

技能训练六 表面贴装元器件拆焊工具使用训练

一、实训目的

熟悉常用焊接工具的性能特点及操作使用方法,认识常用耗材和辅助工具。

二、实训工具和耗材

1）中型热风枪 AT850＋   1 把
2）大型热风枪 HL2305 LCD   1 把
3）防静电电烙铁   1 把
4）高熔点（无铅）焊锡丝、松香焊剂（助焊剂）、吸锡线、清洁笔等。

三、训练内容与步骤

1. 认识常用耗材和辅助工具

常用耗材包括高熔点（无铅）焊锡丝、松香焊剂（助焊剂）、吸锡线、清洁笔等。表面贴装焊接工具主要为中型热风枪 AT850＋，这类风枪加热口直径小，可减小受热面积。

2. 热风枪温度和风力设置

首先介绍安泰信 AT850＋中型热风枪温度和风力设置步骤。

1）打开电源：将热风枪的风档选择转钮（HEAT CONTROL）置于 4 档，温度设置转钮（AIR CONTROL）置于 4 档，热风枪输出温度会快速升到设定的温度值，风量指示灯常亮，温度指示灯会不停闪烁。

2）观察风筒内部呈微红状态，防止风筒内过热。

3）用纸观察热量分布情况，找出温度中心。

4）用最低温度吹一个电阻，记录能吹下该电阻的最低温度旋钮的位置。

其次，介绍 HL2305 LCD 型温度可调数码显示大型热风枪温度和风力设置步骤。

1）调节蓝色风量推钮，使推钮至于第二档，即中间位置。

2）调节温度控制推钮，使数码温度指示值最终为 320℃左右。

注意：热风枪在不使用时，要关闭电源，如果有休眠开关，可以使热风枪处于休眠状态。中型和大型热风枪的加热面积不同，用于加热的元器件也不同，需根据元器件的尺寸和材料选择合适的工具。

3. 恒温防静电电烙铁温度设置

以 Weller WSD81 为例，打开电源，调节温度控制键设置具体温度值，如 350℃，在向上进行温度调整时，显示 LED 的温度值不断闪烁增加，当烙铁头温度值达到设定温度时，LED 显示数值不再闪烁。烙铁头的使用要注意以下几点：

1）电烙铁温度一般设置在 350℃，如果用于小尺寸元器件焊接，如电阻、电容、电感及晶体管等，可把温度适当调低，如果被焊接的元器件较大或在大面积金属上（如地线的大面积铜箔）焊接，可适当把温度调高。

2）烙铁头必须保持有镀锡保护，如果呈灰色须用专用海绵处理。

3）焊接时不能对焊点用力压，否则会损坏 PCB 板和烙铁头。

4）长时间不用要关闭烙铁电源，避免空烧。

5）电烙铁一般在拆焊小元器件，处理焊点、处理短路、加焊、处理焊盘时使用。

四、实训注意事项

1）热风枪风嘴及电烙铁头不要挨着电源线，以免发生事故，要注意高温部件，避免烫伤。

2）热风枪风筒内的发热丝不能太红、风量宜大不宜小，以免烧坏手柄。如果停止使用热风枪、烙铁超过五分钟时，应关掉电源开关。

五、书写实训报告

写出使用热风枪、电烙铁的注意事项。

技能训练七 拆焊 QFP 封装 IC

一、实训目的

掌握 QFP 封装 IC 的拆焊技巧。

二、实训工具和耗材

1）HL2305 LCD 大型热风枪　　　　　　　　1 把

2）防静电电烙铁　　　　　　　　　　　　　1 把

3）手机主板　　　　　　　　　　　　　　　1 个

4）镊子　　　　　　　　　　　　　　　　　1 把

5）高熔点（无铅）焊锡丝、松香焊剂（助焊剂）、吸锡线、清洁笔等。

三、训练内容与步骤

1. 热风枪温度和风力设置

完成 HL2305 LCD 大型热风枪温度和风力设置操作，参考技能训练六的介绍。

2. 拆 QFP 封装 IC

拆 QFP 封装 IC 步骤如下：

1）拆下元器件之前要看清 IC 方向，重装时不要放反。

2）观察 IC 旁边及正背面有无怕热元器件（如塑料元器件、带封胶的 BGA IC 等），如有要用屏蔽罩之类的物体将其遮住。

3）在要拆的元器件引脚上加适当的松香，可以使拆下元器件后的 PCB 焊盘光滑，否则会起毛刺，重新焊接时不容易对位。

4）把调整好的热风枪在距元器件周围 $20cm^2$ 左右的面积内进行均匀预热（风嘴距 PCB 1cm 左右，在预热位置较快速度移动，PCB 上温度设置为 $130 \sim 160$℃），这样是为了避免：

① 除 PCB 上的潮气，避免返修时出现"起泡"。

② 避免由于 PCB 单面（上方）急剧受热而产生的上下温差过大而导致 PCB 焊盘间的应力翘曲和变形。

③ 减小由于 PCB 上方加热时焊接区内零件的热冲击。

④ 避免旁边的 IC 由于受热不均而脱焊翘起。

5）线路板和元器件加热。热风枪风嘴距 IC 1cm 左右距离，再沿 IC 边缘慢速均匀移动，用镊子轻轻夹住 IC 对角线部位。

6）摘取 IC。如果焊点已经加热至熔点，拿镊子的手就会在第一时间感觉到，或者可以用镊子轻触加热附近的焊锡观察焊锡熔化状态，如果周围焊锡已经熔化，则表明已经加热至焊点，一定等到 IC 引脚上的焊锡全部都熔化后再通过"零作用力"，小心地将元器件从板上垂直拎起，这样能避免将 PCB 或 IC 损坏，也可避免 PCB 留下的焊锡短路。焊料必须完全熔化，以免在取走元器件时损伤焊盘。与此同时，还要防止板子加热过度，不应该因加热而造成板子扭曲。

注意：拆 IC 的整个过程不超过 250s。

7）取下 IC 后观察 PCB 板上的焊点是否短路，如果有短路现象，可用热风枪重新对其进行加热，待短路处焊锡熔化后，用镊子顺着短路处轻轻划一下，焊锡自然分开。尽量不要用烙铁处理，因为烙铁会把 PCB 板上的焊锡带走，PCB 板上的焊锡少了，会增加虚焊的可能性，而小引脚的焊盘补锡不容易。

3. 装 QFP 封装 IC

1）观察要装的 IC 引脚是否平整，如果 IC 引脚焊锡短路，用吸锡线处理；如果 IC 引脚不平，将其放在一个平板上，用平整的镊子背压平；如果 IC 引脚不正，可用手术刀将其歪的部位修正。

2）在焊盘上放适量的助焊剂，过多加热时会把 IC 漂走，过少起不到应有的作用，并对周围的怕热元器件进行覆盖保护。

3）将 QFP 封装 IC 按原来的方向放在焊盘上，把 IC 引脚与 PCB 引脚位置对齐，对位时眼睛要垂直向下观察，四面引脚都要对齐，视觉上感觉四面引脚长度一致，引脚平直没歪斜现象。可利用松香遇热的黏着特点粘住 IC。

4）用热风枪对 IC 进行预热及加热时，注意整个过程热风枪不能停止移动（如果停止移动会造成局部温升过高而损坏 IC），边加热边注意观察 IC，如果发现 IC 有移动现象，要在不停止加热的情况下用镊子轻轻地把它调正。如果没有移动现象，只要 IC 引脚下的焊锡都熔化了，要在第一时间发现（如果焊锡熔化了会发现 IC 有轻微下沉、松香有轻烟、焊锡发亮等现象，也可用镊子轻轻碰 IC 旁边的小元器件，如果旁边的小元器件可以活动，就说明 IC 引脚下的焊锡也临近熔化了）并立即停止加热。因为热风枪所设置的温度比较高，IC 及 PCB 上的温度是持续增长的，如果不能及早发现，温升过高会损坏 IC 或 PCB，所以加热的时间一定不能过长。

5）等 PCB 冷却后，用清洗笔清洗并吹干焊接点，检查是否虚焊和短路。

6）如果有虚焊情况，可用烙铁将每个引脚加焊或用热风枪把 IC 拆掉重新焊接；如果有短路现象，可用潮湿的耐热海绵把烙铁头擦干净后，蘸点松香顺着短路处引脚轻轻划过，可带走短路处的焊锡，或用吸锡线处理：用镊子挑出四根吸锡线并蘸少量松香，放在短路处，用烙铁轻轻压在吸锡线上，短路处的焊锡就会熔化粘在吸锡线上，清除短路。

4. 拆焊怕热元器件

1）拆元器件。像排线夹子、插座、SIM 卡座、电池接口、尾插等塑料元器件受热容易变形，如果确实坏了，那不妨像拆焊普通 IC 那样拆掉就行了，如果想拆下来还要保持完好，需要慎重处理。通常采用旋转风热风枪，风量、热量均匀，一般不会吹坏塑料元器件。如果用普通风枪，可考虑把 PCB 放在桌边上，用风枪从下边向上加热元器件的背面，通过 PCB 把热传到上面，待焊锡熔化即可取下；还可以在怕热元器件上面盖一个同等大的废旧芯片，然后用风枪对芯片边缘加热，待下面的焊锡熔化后即可取下怕热元器件。

2）焊接元器件。整理好 PCB 上的焊盘，把元器件引脚上涂抹适量助焊剂并放在离焊盘较近的旁边，这样可以让其也受一点热。用热风枪加热 PCB，待板上的焊锡发亮时，说明已熔化，迅速把元器件准确放在焊盘上，这时风枪不能停止移动加热，在短时间内用镊子把元器件调整对位，马上撤离风枪即可。有些元器件可方便地使用电烙铁焊接（如 SIM 卡座），此时就不要使用风枪了。

四、实训注意事项

1）热风枪风嘴及电烙铁头不要挨着电源线，以免发生事故，要注意高温部件，避免烫伤。

2）热风枪风筒内的发热丝不能太红，风量宜大不宜小，以免烧坏手柄。如果停止使用热风枪、电烙铁超过 5min 时，应关掉电源开关。

五、书写实训报告

1）写出使用热风枪、电烙铁的注意事项。

2）将热风枪与电烙铁拆焊一个 48 脚或者 64 脚 QFP 封装 IC 的具体过程写出来。

3）写出用热风枪与电烙铁拆焊塑料元器件的具体过程。

技能训练八　拆焊电阻、电容和晶体管等小型元器件

一、实训目的

掌握贴片电阻、电容和晶体管等小型元器件的拆焊技巧。

二、实训工具和耗材

1）中型热风枪 AT850 +　　　　　　　　　　　　　　1 把

2）防静电电烙铁　　　　　　　　　　　　　　　　　1 把

3）手机主板　　　　　　　　　　　　　　　　　　　1 个

4）镊子　　　　　　　　　　　　　　　　　　　　　1 把

5）高熔点（无铅）焊锡丝、松香焊剂（助焊剂）、吸锡线、清洁笔等。

三、训练内容与步骤

1. 热风枪温度和风力设置

完成 AT850 + 中型热风枪温度和风力设置，参考技能训练六的介绍。

2. 拆卸小型元器件

1）在拆卸小元器件时，在其上涂适量助焊剂，用镊子轻轻夹住元器件，用热风枪对小元器件均匀移动加热（同拆焊 IC），拿镊子的手感觉到焊锡已经熔化时，即可取下元器件。

2）也可以用烙铁在元器件上适量加一些焊锡，以焊锡覆盖到元器件两边的焊点为准，把烙铁尖平放在元器件侧边，使新加的焊锡呈熔化状态，即可取下元器件了。如果元器件较大，可在元器件焊点上多加些锡，用镊子夹住元器件，用烙铁快速在两个焊点上依次加热，直到两个焊点都呈熔化状态，即可取下。

3. 焊接小型元器件

1）在元器件上加适量松香，用镊子轻轻夹住元器件，使元器件对准焊点，用热风枪对小元器件均匀移动加热，待元器件下面的焊锡熔化，再松开镊子，也可把元器件放好并对其加热，待焊锡熔化再用镊子碰一碰元器件，使其对位即可。

2）用镊子轻轻夹住元器件，用烙铁在元器件的各个引脚上点一下，即可焊好。如果焊点上的焊锡较少，可在烙铁尖上点一个小锡珠，加在元器件的引脚上即可。

四、实训注意事项

1）热风枪风嘴及电烙铁头不要挨着电源线，以免发生事故，要注意高温部件，避免烫伤。

2）热风枪风筒内的发热丝不能太红，风量宜大不宜小，以免烧坏手柄。如果停止使用热风枪、烙铁超过 5min 时，应关掉电源开关。

五、书写实训报告

1）写出用电烙铁与风枪拆焊电阻、电容等小元器件的具体过程。

2）写出使用的热风枪和电烙铁的型号和参数设置。

技能训练九　拆焊屏蔽罩和加焊虚焊元器件

一、实训目的

掌握屏蔽罩的拆焊技巧；掌握虚焊元器件的补焊方法。

二、实训工具和耗材

1）HL2305 LCD 大型热风枪　　　　　　　　　　　1 把

2）防静电电烙铁　　　　　　　　　　　　　　　　1 把

3）手机主板　　　　　　　　　　　　　　　　　　1 个

4）镊子　　　　　　　　　　　　　　　　　　　　1 把

5）高熔点（无铅）焊锡丝、松香焊剂（助焊剂）、吸锡线、清洁笔等。

三、训练内容与步骤

1. 热风枪温度和风力设置

首先进行 HL2305 LCD 大型热风枪温度和风力设置，参考技能训练六的介绍。

2. 拆卸屏蔽罩

用夹具夹住 PCB，镊子夹住屏蔽罩，用热风枪对整个屏蔽罩加热，焊锡熔化后垂直将其拎起。因为拆屏蔽罩需要的温度较高，PCB 上其他元器件也会松动，取下屏蔽罩时主板不能有活动，以免震动移位板上的元器件，取下屏蔽罩时要垂直拎起，以免把屏蔽罩内的元器件碰移位。另外也可以先掀起屏蔽罩的三个边，待冷却后再来回折几下，折断最后一个边取下屏蔽罩。

3. 焊接屏蔽罩

把屏蔽罩放在 PCB 上，用风枪顺着四周加热，待焊锡熔化即可，也可以用电烙铁选几个点焊在 PCB 上。

4. 加焊虚焊元器件

1）用风枪加焊。在 PCB 需要加焊的部位上涂抹适量助焊剂，用风枪进行均匀加热，直到所加焊部位的焊锡熔化即可，也可以在焊锡熔化状态用镊子轻轻碰一碰怀疑虚焊的元器件，加强焊接效果。

2）用电烙铁加焊。如果是加焊 QFP 封装 IC，可在 IC 引脚上涂抹适量助焊剂，用光洁的烙铁头顺着引脚一个一个依次加焊即可。一定要擦干净烙铁头上的残锡，否则会使引脚短路。如果是加焊电阻、晶体管等小元器件，直接用烙铁尖蘸点松香，焊一下元器件引脚即可。有时为了增加焊接强度，也可给元器件引脚补一点点焊锡。

四、实训注意事项

1）热风枪风嘴及电烙铁头不要挨着电源线，以免发生事故，要注意高温部件，避免烫伤。

2）热风枪风筒内的发热丝不能太红，风量宜大不宜小，以免烧坏手柄。如果停止使用热风枪、烙铁超过 5min 时，应关掉电源开关。

五、书写实训报告

1）写出拆焊屏蔽罩和加焊各种外引脚的具体过程。

2）写出使用的热风枪和电烙铁的型号和参数设置。

技能训练十　拆焊 BGA 封装 IC

一、实训目的

掌握 BGA 封装 IC 的拆卸和焊接技巧；虚焊的 BGA 封装 IC 的加焊补焊方法。

二、实训工具和耗材

1）HL2305 LCD 大型热风枪	1 把
2）防静电电烙铁	1 把
3）手机主板	1 个
4）镊子	1 把

5）高熔点（无铅）焊锡丝、松香焊剂（助焊剂）、吸锡线、清洁笔等。

三、训练内容与步骤

1. 加焊无封胶 BGA 封装 IC

1）HL2305 LCD 大型热风枪温度设置为 270℃左右。关于风量，没有具体规定，只要能把风筒内热量送出来并且不至于吹跑旁边的小元器件就行了。此外还需要注意用纸试一试风筒温度分布情况。

2）在 IC 上加适量助焊剂，风口不宜离 IC 太近，在对 IC 加热的时候，先用较低温度预热，使 IC 及主板均匀受热，这样可较好防止板内水分急剧蒸发而发生起泡现象。小幅度晃动热风枪，不要停在一处不动，热度集中在一处，BGA 封装 IC 容易受损，加热过程中用镊子轻轻触 IC 旁边的小元器件，只要它有松动，就说明 BGA 封装 IC 下的锡球也要熔化了，稍后用镊子轻轻触 BGA 封装 IC，如果它能活动，并且会自动归位，则加焊完毕。

2. 拆焊无封胶 BGA 封装 IC

1）无封胶 BGA 封装 IC 拆焊。取 BGA 封装 IC 必须注意要在 IC 底部注入足够的助焊剂，这样可以使锡球均匀分布在底板 IC 的引脚上，便于重装，用真空吸笔或镊子，配合热风枪按加焊 BGA 封装 IC 步骤操作，松动后小心取下 IC 后，如有连球，用烙铁拖锡球把相连的锡球全部吸掉。注意铬铁尖尽量不要碰到主板，以免刮掉引脚或破坏绝缘绿油。

2）清理焊盘。BGA 封装 IC 摘除后，电路板上的该芯片使用的阵列焊盘要进行多余的焊锡清理，从而便于更换新的芯片。具体清理方法是：将焊盘上涂抹适量的助焊剂（膏），用吸锡线配合电烙铁将焊盘清理平整，没有多余焊锡。一只手握住吸锡线，另一只手握住电烙铁，将吸锡线放置到焊盘一侧，烙铁头压住吸锡线并轻轻拖动吸锡线在焊盘上由上向下、由左至右移动，时间不要过长，力量不要过大，否则会将圆形的小阵列焊盘烫下来。

3）更换新的芯片。在已经平整干净的焊盘上再次涂好适量的助焊剂，然后将待更换芯片按原有的位置摆放好，一定要仔细摆放，注意方向和位置。然后用热风枪对准芯片移动加热，大约 30s，此刻用镊子触碰芯片附近位置的焊锡，如果已经熔化，说明芯片底部锡球也已经熔化，这时可用镊子从侧面轻轻推一下芯片，如果芯片能够向推的方向移动，当拿开镊子后，芯片又复位了，这时说明芯片已经焊好。关闭风枪电源，焊接结束。注意等 PCB 稍微冷却后再移动和充分冷却 PCB。

四、实训注意事项

1）热风枪风嘴及电烙铁头不要挨着电源线，以免发生事故，要注意高温部件，避免烫伤。

2）热风枪风筒内的发热丝不能太红，风量宜大不宜小，以免烧坏手柄。如果停止使用热风枪、烙铁超过 5min 时，应关掉电源开关。

五、书写实训报告

1）写出拆焊 BGA 封装 IC 具体过程。

2）写出使用的热风枪和电烙铁的型号和参数设置。

第四部分

原理篇

项目四

GSM手机电路基本组成

学习目标

◇ 理解手机整机电路组成；
◇ 掌握手机主板电路的功能模块，理解各功能模块的电路模型和功能；
◇ 理解手机功能模块的工作原理；
◇ 理解手机各个功能模块电路的典型故障种类。

工作任务

◇ 手机电路识图。

任务一 GSM 手机主板电路组成认知

学习目标

◇ 理解手机整机电路组成；
◇ 掌握手机主板电路的功能模块，理解各功能模块的电路模型及功能。

工作任务

◇ 手机电路框图识图。

4.1.1 GSM 手机整机电路组成

GSM 手机可以看成是一台能够进行射频发射、接收，能够处理语音信号并带有独立供电电源的计算机。GSM 手机整机基本组成如图 4-1 所示。

电池和充电器是手机的外部配件，送话器、键盘、扬声器和显示屏是基本的输入输出外

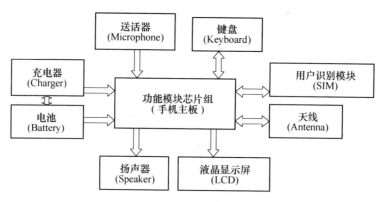

图 4-1　GSM 手机整机基本组成

设。手机主板由各种电子元器件和集成电路组成,其中核心组成部分是功能芯片组。

虽然 GSM 手机品牌和型号众多,但能够生产手机使用的芯片组的生产商却寥寥可数,除诺基亚、摩托罗拉手机基本上采用本公司生产的专用复合射频处理器、数字基带信号处理器、电源管理器外,其他众多的手机厂家基本都是采用有限几家生产商的手机芯片组来组建手机电路的。能认识并掌握这些芯片的功能特点,对于使用相同芯片组的不同手机进行故障分析会变得异常简单,能够真正实现举一反三、触类旁通,大大提高个人的维修能力。

4.1.2　GSM 手机主板电路组成

GSM 手机主板电路可根据不同芯片所实现的不同功能来化整为零,依据每一特定功能的芯片将主板电路划分出相应功能模块,主要分为射频电路、逻辑电路、电源电路和用户接口电路四部分,这四部分电路以逻辑电路为核心,完成对用户接口电路、电源电路和射频电路的管理和控制。

因此,按照功能模块来划分,手机主板电路基本组成框图如图 4-2 所示。

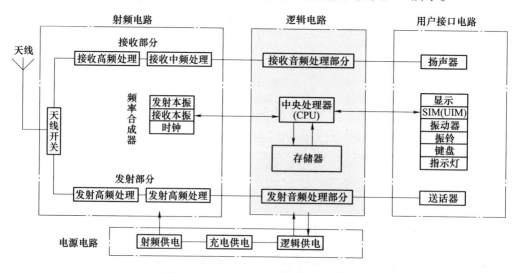

图 4-2　手机主板电路基本组成框图

图 4-2 是典型的 GSM 手机主板电路功能模块组成框图，具有很强的适用性，代表多种不同品牌和型号手机主板电路的组成，GSM 手机电路工作原理的分析可围绕这四部分电路来进行。

说明：GSM 手机功能电路是由各个芯片配合分立元器件实现的，反之，手机电路所采用的芯片组合类型会决定手机的电路结构与工作原理。不同型号的手机如果采用相同的芯片组，那么其电路结构和工作原理都是相似的。

一般来讲，手机芯片组分为两大类，分别是射频芯片组和基带芯片组（参见项目三任务二关于 L7 手机芯片组的介绍），因此，手机主板电路一般又按此分成两大部分，分别是基带电路和射频电路。

手机射频电路由射频芯片组和各分立元器件包括电阻、电容和电感元件以及半导体二极管、晶体管、场效应晶体管等组成，对进入射频芯片和由芯片输出的信号进行处理；基带芯片组构成了基带电路，基带电路包括逻辑电路、电源电路和用户接口电路。

早期手机基带芯片非常丰富，包括电源管理芯片（POWER）、中央处理器（CPU）、存储器（FLASH、ROM）、数字信号处理器（DSP）、接口电路芯片（INTERFACE）以及音频芯片（AUDIO）。基带电路的组成框图如图 4-3 所示。

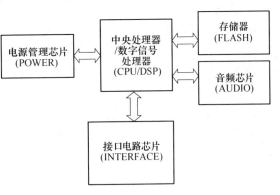

图 4-3　基带电路的组成框图

现在，由于集成电路的发展，音频芯片和接口芯片都很少独立使用，电源管理芯片集成度非常高，集成了音频处理和接口信号处理的功能，这样使得手机的集成电路使用数量大大减少，简化了手机的电路结构，因此手机的外形也更加精致美观。而数字信号处理器（DSP）和逻辑控制部分也集成在一片芯片上，统称为 CPU，这样手机的基带电路结构变得更简单。

摩托罗拉 L7 手机就是用射频和基带两套芯片搭建构成了手机的主板电路。

正如前所述，手机可看成是具有独立供电系统的，能自动实现语音发射和接收处理的计算机。手机电路共分成三部分功能电路，分别是电源电路、逻辑电路和射频收发电路，用户接口电路不做单独介绍。

任务二　GSM 手机电源电路和逻辑电路认知

学习目标

◇ 理解 GSM 手机电源电路和逻辑电路功能模块的工作原理；

◇ 理解 GSM 手机电源电路和逻辑电路功能模块典型故障种类；

◇ 掌握 GSM 手机开机流程。

工作任务

◇ 手机电路图识图；

◇ 掌握 GSM 手机开机故障维修方法。

4.2.1 GSM 手机电源电路组成及其功能

以 L7 手机为例，在其主板实物图 3-19 中，电源电路的核心部件是电源管理芯片，其编号为 U900，它有一个名字 ATLAS，可参考图 3-21，该芯片及其周围的分立元器件共同构成了电源电路模块。

1. 组成

电源电路从功能上来说主要包括升压电路、降压电路、充电电路和供电电压转换电路等几部分。核心部件是称之为电源管理的集成电路，另外还包括升压电感线圈、场效应晶体管等关键元器件。

2. 功能

（1）供电

电源电路功能模块是手机的供电系统，其核心任务是转换电池电压或外部电源提供的供电，一般电池电压或外部供电电压由一个简单的场效应晶体管组成的开关电路来控制，经开关电路控制后输出的供电电压再为手机电源芯片和射频电路的功率放大器供电，之后电源芯片内部不同参数的稳压管会产生并经芯片引脚输出手机射频电路和基带电路所需要的稳定的不同规格的电压。

一般内部芯片工作需要 2.75V 电压，部分电路如总线电路、SIM 卡接口电路、背景灯电路、振铃电路以及电压升压电路等需要 5V 的工作电压。所以电源电路要配合升压和降压电路，进而产生满足负载要求的电压。

（2）电池电压监测和充电电流控制

电源电路还完成电池电量监测、充电管理和控制功能。手机在工作过程中，电池电量的下降将会导致电池电压的下降，手机必须能够对电池电压进行测量；同样，在充电过程中，手机还必须对充电电流进行测量，以决定充电的进程。

（3）音频 A-D、D-A 转换器

音频 A-D 转换器负责将模拟音频信号转换成为音频数据流，供数字信号处理器（DSP）处理，进行编码运算。D-A 转换电路的作用与此相反。

（4）外接设备检测

手机有许多外接设备，这些设备的功能与性能各不相同。比如充电器，就有高速、中速和低速充电器之分，它们可为手机提供不同规格的充电参数，如最大充电电流等，所以手机必须能够正确识别它们。

4.2.2 GSM 手机逻辑电路组成及其功能

手机是单片机嵌入式的应用终端设备，逻辑电路是手机的核心控制电路，对手机所有功能和动作进行管理和控制。逻辑电路是以中央处理器（CPU）为核心的电路模块。

1. 组成

逻辑电路是由中央处理器、存储器、总线和时钟电路等组成。

在手机主板上，中央处理器（CPU）和存储器安装在一个独立的区域上，两芯片之间几乎没有使用任何分立元器件，二者的位置靠得很近，非常容易在主板上找到，大家可以在图 3-19 中找到这两个芯片。

（1）中央处理器

中央处理器（CPU）是手机的核心，它负责产生手机内部的控制信号，运算与处理通信数据，对外界操作产生的中断信号做出响应。

1）CPU 输入与输出的信号都是高或低的电平信号，高电平信号一般为 2.75V 直流信号，低电平一般为接近于 0V 的直流信号。

2）CPU 与存储器之间的通信靠总线完成，其中包括地址总线（AB，单向传输）、数据总线（DB，双向传输）、控制总线（CB，单向传输）。

3）CPU 工作的三个必要条件是电压、时钟和复位信号。这三个条件缺一不可，又称为CPU 工作三要素，如图 4-4 所示。

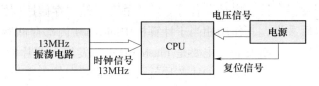

图 4-4　CPU 工作三要素示意图

（2）存储器

手机需要存储器来存储系统程序、用户的存储数据以及显示字库数据。手机中的存储器有三种类型。

1）快擦写存储器（Flash ROM），俗称版本或字库。Flash ROM 作为只读存储器用，主要存储手机主程序，包括基本程序、功能程序和监控程序等，另外还存储中文字库和外围参数等固定数据。基本程序管理着整机工作，如各项菜单功能之间的有序连接与过渡的管理程序、各子菜单返回其上一级菜单的管理程序、根据开机触发信号启动开机程序的管理等。各功能程序是指如电话号码的写入与读出、铃声的设置与更改、短信息的编辑与发送、时钟的设置、录音的播放等菜单功能程序。Flash ROM 是一种非易失性存储器，当关掉电路的电源以后，所存储的信息不会丢失；可以电擦除，重新写入数据再编程。

2）电可擦除可编程存储器（EEPROM），俗称码片。EEPROM 以二进制代码的形式存储手机的系统参数和一些可修改的数据，如手机播出的电话号码、机身码（IMEI）、PIN 码等以及一些检测程序如电池检测程序、显示电压检测程序等。码片出现问题时，手机的某些功能将失效或出错，如显示黑屏、不入网、背景灯失控等。由于 EEPROM 可以电擦除，当出现数据丢失时，可以用手机可编程软件故障检修仪重新写入。码片数据可以通过并行数据传输修改，也可以通过串行数据传输修改，串行数据传输的码片一般有 8 个引脚，它的各引脚功能见表 4-1。

表 4-1 码片引脚功能

引 脚 名 称	功　　能
WP	写保护
SCL	串行时钟
SDA	串行数据
CS	片选使能
SK	串行数据时钟
D1	串行数据输入
D0	串行数据输出
ORG	存储格式选择

注：引脚名称不是唯一的，这里只是常用形式。

3）随机静态存储器（SRAM），即暂存器。随机静态存储器是手机中的数据存储器，用于存放各种功能程序运行的中间数据，如输入的电话号码、短信息和各种密码等，或者是存放各种指令如驱动振铃器振铃、启动录音等。随机静态存储器存储速度快、存储精度高，但是这些信息会在断电后丢失，其作用相当于计算机中的 RAM 内部存储器。

随着存储器集成度的不断发展，主要是 Flash ROM 的发展，芯片的存储容量越来越大，在当前各系列手机中只要一块 Flash ROM 芯片就可以存储所有的程序与数据。在 L7 手机中，逻辑电路中只使用了一块 Flash ROM，主板电路尺寸变得更小。

（3）总线

CPU 与其他外围芯片的通信靠控制总线完成，控制数据通过 SPI 串行外围总线来传输。这些控制数据包括 RX- EN（接收使能）、TX- EN（发射使能）、LCD_CS（显示片选）和 CHARGE（充电控制）等。这些控制数据在软件的运行下产生并通过控制总线传输至相关的硬件电路完成相应的控制。

（4）时钟电路

逻辑控制电路在时钟的同步下完成各种操作，这因为手机中软件程序指令的运行必须在确定的时钟节拍下完成，因此手机中有一个工作稳定可靠的振荡电路，用来产生精确的系统时钟。

在 GSM 手机中，系统时钟信号频率都是 13MHz。时钟振荡信号可以直接产生或通过将 26MHz 时钟二分频后获得，13MHz 时钟信号产生示意图如图 4-5 所示。

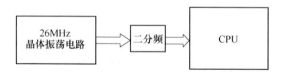

图 4-5　13MHz 时钟信号产生示意图

现在手机都具有时间显示功能，因为手机中有一个实时时钟（Real Time Clock，RTC），该实时时钟信号的作用是在手机进入深睡眠模式（Deep Sleep Mode）时，系统时钟将被关掉，RTC 将被用来当作部分电路（主要是电源电路以及计时电路）的时钟，以便对外部的操作进行响应。RTC 的频率是 32.768kHz，将它分频后可得到 1Hz 的时钟，配合独立供电电源，可为手机提供计时功能。

这两个时钟信号是手机的关键信号，手机开机操作与这两个时钟信号有着直接的联系，是分析不开机故障的关键测量信号。关于这两个时钟信号，我们会在后续内容中进行详细介绍。

在特定条件下，程序存储器中的程序指令代码是可以更新的，即能向程序存储器中写入数据，手机软件故障的维修就是通过更新程序代码来排除故障修复手机的。

2. 功能

逻辑电路的主要功能是以中央处理器为核心，完成对整机工作的管理和控制，这些控制包括开机操作、定时控制、对基带电路本身的控制、对射频电路的控制以及对外部接口电路、键盘和显示器的控制，还包括数字音频信号的处理。

4.2.3　GSM 手机逻辑电路应用——实现手机开机

手机开机靠开机程序正常运行来实现，开机程序正常运行靠软硬件两方面来保证，硬件保证指 CPU 和存储器之间的硬件电路连接正常，即二者通信正常；软件保证指程序指令代码数据完整，没有丢失和逻辑混乱发生。手机软件故障现象有锁机或屏幕显示"见销售商"等，逻辑电路存在软硬件故障，手机就不能正常开机。

<u>手机不开机是逻辑电路最典型的故障之一，手机的开机工作是逻辑电路的重要任务之一，开机过程是手机故障维修人员必须掌握的原理</u>，因此，这里着重为大家介绍一下手机的开机过程。

影响手机正常开机的关键信号分别为：

1）开机触发信号。

2）电压调节分配信号。

3）逻辑时钟信号。

4）复位信号。

5）维持信号。

手机开机流程图如图 4-6 所示。

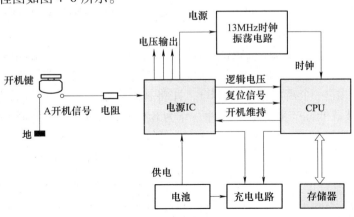

图 4-6　手机开机流程图

大多数手机采用低电平开机触发信号，如图4-7所示。手机开机流程图（见图4-6）中，关机状态下，A点电压为电池电压，当开机键按下并保持2s左右的时间时，A点与地接通，A点电压变为低电平，产生电平跳变信号，低电平信号持续2s以上，就可作为触发信号输入至电源IC某确定引脚上，该信号触发电源IC内部集成的若干电压调节器，产生并输出不同规格的电压，分别为射频和基带电路供电，13MHz时钟振荡电路在供电后输出稳定准确的13MHz正弦信号，该信号经电路传送至CPU。

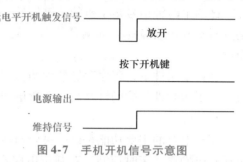

图4-7 手机开机信号示意图

同时，电源IC也输出用于CPU复位的信号，当CPU在供电、复位和时钟信号全部正常供给后，CPU就会向存储器输出片选和读使能信号，读取并运行存储器内部的开机程序指令数据，指挥手机硬件电路进行开机初始化操作，完成自检。对于用户而言，自检成功的标志可以通过下列现象体现，如键盘灯点亮、屏幕背景灯点亮、开机音乐响起，随之屏幕画面出现，各种图标包括时间、日期和电池等都显示在屏幕上。

当然，完整的开机过程还包括搜索并成功登录网络。当自检成功后，CPU会输出开机维持信号，送至电源IC，代替开机键操作，维持保证手机开机。在图4-7中可以看到由示波器观察的开机触发信号和维持信号的波形，都是直流电压。

下面为大家逐一介绍这些信号在开机过程中的作用和产生的过程。

1. 开机触发信号和开机维持信号

手机电池作为供电电源为手机电源管理集成电路提供工作电压，只要为电源管理集成电路提供一触发信号，各负载需要的工作电压就会产生并输出。该触发信号是由键盘开机键按下后产生的电平跳变信号，是手机开机的第一条件，以触发手机开机，称之为开机触发信号。由高电平到低电平的跳变触发信号称为低电平触发；由低电平到高电平的跳变触发信号称为高电平触发。

高电平开机触发多被三星手机采用。值得说明的是，开机维持信号的实现方式有多种类型，出现在不同的机型中，比如摩托罗拉手机中，通常是将看门狗信号置为高电平，作为开机维持信号送至电源IC。另外不同机型手机开机的流程也有些许差别，所以开机维持信号要根据不同机型来具体分析。

摩托罗拉L7手机开机信号产生电路原理图如图4-8所示。J508是键盘接口，进行主板和键盘板之间信号的传输，主要传输键盘矩阵中各个按键的请求。第40引脚传输电源管理芯片（U900）提供的一个高电平（ON1B），并将其提供给电源键（Power Key），当开关键按下后，高电平被拉低，产生低电平脉冲，作为开机触发信号，再反馈给U900，低电平触发开机请求信号传输如图4-8 a所示。U900低电平触发开机后产生的复位信号由引脚（E12）输出，送给CPU，如图4-8 b所示。CPU输出看门狗高电平信号，由引脚（U13）输出，作为开机维持信号送至U900，开机维持信号输出如图4-8 c所示。

2. 逻辑时钟信号

（1）系统时钟信号

系统时钟信号大小为13MHz，是CPU工作的必要条件，也是射频电路中频率合成电路

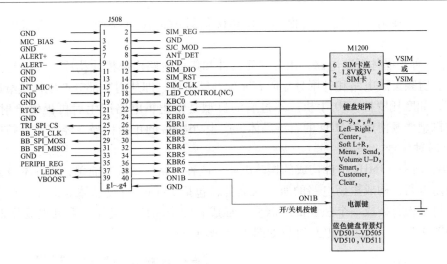

a) 低电平触发开机

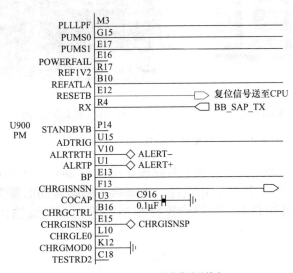

b) 复位信号的输出

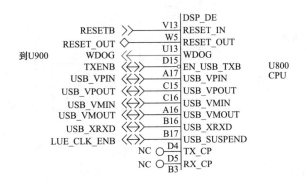

c) 开机维持信号的输出

图 4-8　摩托罗拉 L7 手机开机信号产生电路原理图

的参考时钟，这在射频电路中会提到。13MHz 信号由振荡电路产生，电路简单，有两种形式：

1）第一种是晶体振荡电路，由分立元器件和集成电路内部模块构成，具体是由 13MHz 石英晶体、射频集成电路和外围分立阻容元件共同组成，即从射频部分产生再供给逻辑电路 CPU 使用，如摩托罗拉 V60 手机。不过有的机型是由逻辑电路产生后再提供给射频电路。目前各种机型普遍使用 26MHz 的石英晶体，产生 26MHz 的正弦信号，经过二分频后再转换为 13MHz 时钟信号。

2）第二种是 13MHz 组件构成的振荡电路。此种电路形式极其简单，组件本身是个完整的晶体振荡电路，构成振荡电路的所有元器件，包括 13MHz 石英晶体等都焊接在一块电路基板上，将基板封装成一个独立的屏蔽盒，形成有四个端口的组件。手机主板及 26MHz 组件实物如图 4-9 所示，组件电路符号如图 4-10 所示。

a) 组件实物图　　　　　　　　　　　b) 手机主板上的组件图

图 4-9　手机主板及 26MHz 组件实物图

摩托罗拉 L7 手机系统时钟信号产生的电路原理如图 4-11 所示，大家可以一目了然看出它的电路形式。Y1201 就是一个 26MHz 组件，为其第 4 引脚施加电源 Vtcxo，2 引脚接地，在 3 引脚输出 26MHz 时钟信号，1 引脚连接控制信号，以保证输出信号的准确和稳定。

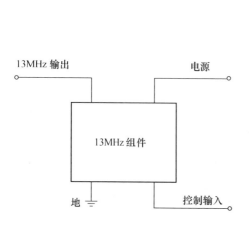

图 4-10　系统时钟组件电路符号

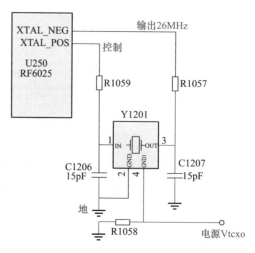

图 4-11　摩托罗拉 L7 手机系统时钟电路原理图

系统时钟信号波形可以通过示波器完成测量，无论是 13MHz 还是 26MHz 的时钟信号波形都为正弦波。仍以 L7 手机为例，将示波器的探头连接 Y1201 第 3 引脚，当其正常输出信号时，可以测试观察到的波形，如图 4-12 所示。如果没有观察到波形，手机不能开机，此时维修的重点就是查找信号产生电路的相关部分，将信号修复。

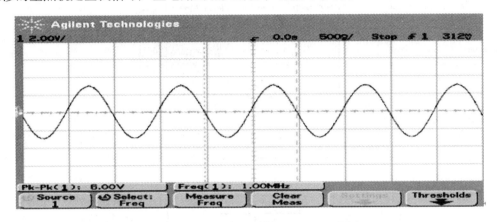

图 4-12　系统时钟信号波形图

（2）实时时钟信号

实时时钟信号为系统提供休眠时钟，保证手机在关机状态下部分电路仍进行工作，主要保证计时电路能正常工作，进而完成时间的实时显示。该信号英文名称为 Real Time Clock，即实时时钟。

实时时钟信号大小为 32.768kHz，该信号通常由晶体振荡电路产生，电路由石英晶体、集成电路内部模块和外围分立元器件构成。32.768kHz 实时时钟石英晶体实物如图 4-13 所示，右边黑色方块部件是电源管理集成电路。

图 4-13　32.768kHz 实时时钟石英晶体实物

摩托罗拉 V265 手机实时时钟电路原理图如图 4-14 所示，该电路由 32.768kHz 石英晶体、电源管理集成电路和电容 C3019、C3020 共同组成。

实时时钟信号波形为正弦波，由于频率较低，既可以用具备频率测量功能的数字万用表测试也可以用数字示波器测试，仪器的测量准确度越高，测量频率值越接近 32.768kHz。在图 4-14 中，将测试探头与 Y3000 的引脚 3 或 C3019 的非地端连接，示波器屏幕上显示为方波。一般情况，为了快速测量和判断该信号，只要示波器能显示出一条光带，就可以认为该信号是正常的。信号波形如图 4-15 所示。

实时时钟信号影响手机开机，当没有观察到该信号时，手机表现出来的现象是：手机能开机，但保持几秒后就关机了。

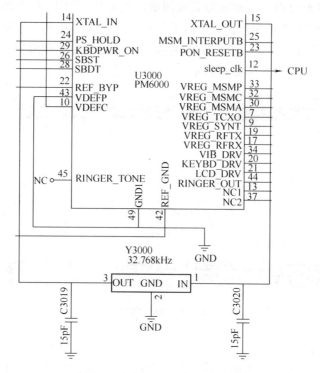

图 4-14　摩托罗拉 V265 手机实时时钟电路原理图

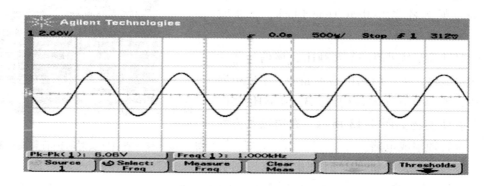

图 4-15　实时时钟波形图

任务三　GSM 手机射频电路认知

学习目标

◇ 理解 GSM 手机射频电路组成及工作原理；

◇ 掌握 GSM 手机接收和发射电路结构和频率合成器的工作原理。

工作任务

◇ GSM 手机射频电路框图识图；

◇ 掌握 GSM 手机射频电路的故障分析方法。

手机射频电路包括接收电路和发射电路，其功能具体来说是指：一是完成接收射频信号的下变频，解调得到模拟基带信号；二是完成发射模拟基带信号的调制和上变频，得到可经天线发射的射频信号。

射频电路工作简单来说就是向基站发送电磁波和接收基站发送给手机的电磁波。对于接收和发送的电磁波，其频率、功率、波形和传输时隙等指标都必须符合 GSM 协议和标准。

发射信号时，手机要进行：

1）载波信号的产生。

2）利用模拟基带信号对载波进行调制。

3）对调制后的载波信号进行功率放大。

4）经过天线完成耦合，将射频载波电信号转换为电磁波在空间传输。

接收信号时，手机要进行：

1）天线耦合选频，将基站传输的电磁波转换为射频电流送入主板。

2）本振信号的产生。

3）下变频。

4）解调模拟基带信号。

接收和发射过程中的模拟基带信号 RXI/Q、TXI/Q 实质是语音信号。

4.3.1　射频发射电路

I/Q（同相/正交）信号调制中频载波信号，再通过发射上变频电路将中频载波信号上变频为 890～915 MHz（以 GSM900 频段为例）的射频电磁波信号，并且进行功率放大，使信号从天线发射出去。

1. 发射电路组成

发射电路部分一般包括中频调制电路、载波发生器（中频 VCO、发射 VCO）、射频滤波器、射频功率放大器、天线开关等。语音射频发射电路框图如图 4-16 所示。

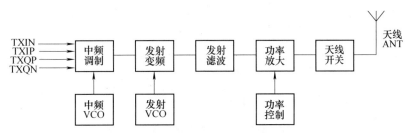

图 4-16　语音射频发射电路框图

2. 电路结构

对于众多品牌和型号的手机来说，手机发射电路根据上变频的方式不同可分为三种不同的电路结构。

（1）带发射变换的发射电路

带发射变换的发射电路结构框图如图4-17所示。

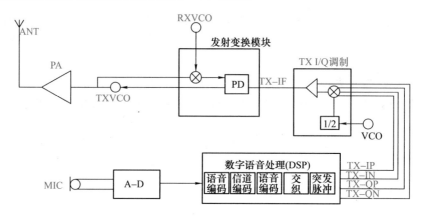

图4-17　带发射变换的发射电路结构框图

（2）带发射上变频的发射电路

带发射上变频的发射电路结构框图如图4-18所示。

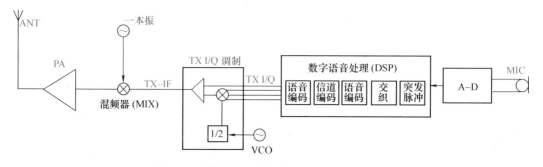

图4-18　带发射上变频的发射电路结构框图

（3）直接线性变频发射电路

直接线性变频发射电路结构框图如图4-19所示。

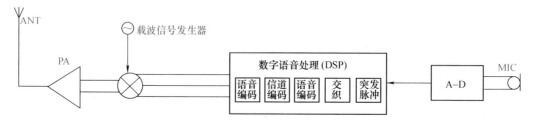

图4-19　直接线性变频发射电路结构框图

无论采用哪种发射电路结构，待发射的模拟基带信号的产生过程是一致的，即语音经受话器（MIC）转换为模拟音频电信号，该信号经过 A-D 转换为数字语音信号，该信号经过 DSP（数字信号处理）完成语音编码、信道编码、纠错和冗余编码、交织、加密等处理后变成数字基带码元脉冲序列，即数字基带信号后，再经过 GMSK 调制变成模拟基带信号 TXI/Q。利用该模拟基带信号去调制射频发射电路的中频载波，得到中频已调信号 TX-IF。

　　图 4-17 所示的带发射变换的发射电路中，TX-IF 信号与频率合成器的接收本振 RXVCO 和发射本振 TXVCO 的差频进行比较（即混频后经过鉴相），得到一个包含发射数据的脉动直流电压信号，去控制发射本振的输出频率，控制发射本振频率的精确性，发射本振作为最终的输出信号，经过功率放大，从天线发射。图 4-18 所示的带发射上变频的发射电路中，TX-IF 信号经过上变频转换为射频信号进行无线传输。

　　3. 重要单元电路

　　（1）功率放大器

　　功率放大器用来放大即将发射的调制信号，使天线获得足够的功率将其发射出去。功率放大器是手机中负担最重、最容易损坏的部件。引脚主要有：GSM IN/OUT（900MHz 输入/输出）、DCS IN/OUT（1800MHz/1900MHz 输入/输出）、VBATT（供电）、VAPC（功率控制）等。功率控制电压 VAPC 一般为 1.2～1.5V，空载时约为 2V。科胜讯 RM009 系列功率放大及控制电路原理图如图 4-20 所示。

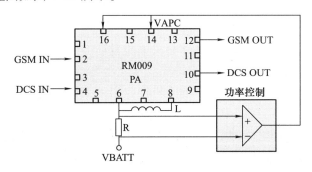

图 4-20　科胜讯 RM009 系列功率放大及控制电路原理图

　　（2）功率控制电路

　　功率控制的目的有两个方面：其一是尽量以最小功率发射信号以保证减小电池资源浪费；其二是避免造成"远近阻塞"效应。

　　功放的启动和功率控制是由一个功率控制电路来完成的，控制信号来自中频 IC。功放的输出信号经过微带线（定向耦合器）耦合取回一部分信号送到功率控制电路，经过高频检波后得到一个反映功放大小的直流电平 U，此电平与 CPU 计算输出的来自基站的当前功率控制参考电平 AOC 在功率放大电路中进行比较，如果 $U <$ AOC，功

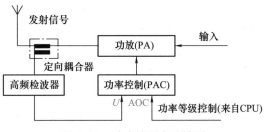

图 4-21　功率控制电路模型

率控制电路的输出脚电压上升，控制功放的输出功率上升，反之控制功放的输出功率下降，进而保证当前输出功率与基站要求一致。功率控制电路模型如图 4-21 所示。

4.3.2　射频接收电路

天线将 935～960MHz（以 GSM900 频段为例）射频信号从空间传输的电磁波中选择和分离出来，并转换为高频电流，经天线开关选通后再经射频带通滤波器（BPF）进行频段选择，然后进入低噪声放大器（LNA）进行功率放大，放大后的射频信号送入变频器实现下变频转换成中频信号，继续进行中频滤波和放大，对中频信号解调得到模拟基带信号（RXI、RXQ），然后通过串行数据总线送入基带电路进行数字信号处理转换为音频信号，送至扬声器发声。

1. 接收电路组成

接收电路包括天线（ANT）、天线开关、射频滤波器、低噪声放大器（LNA）、变频器、中频滤波器和中频放大器以及解调电路。射频语音接收电路框图如图 4-22 所示。

图 4-22　射频语音接收电路框图

说明：

1）双频或四频手机，接收和发射电路会采用或者局部使用双通道或四通道，实现手机双频或四频收发的功能。

2）接收中频是一个固定的频率，不同手机接收中频大小不同，摩托罗拉手机接收中频频率为 400MHz。频率固定的接收中频信号可以通过自动增益控制（AGC）来完成接收信号的电平调节，使得送入解调电路的信号强度相同。接收信号越弱，增益量越大；接收信号越强，增益量越低。

2. 电路结构

手机射频接收电路根据下变频的方式不同可分为三种不同的电路结构，分别是：超外差一次变频接收电路、超外差二次变频接收电路和直接变频线性接收电路。不同品牌手机采用的电路结构各有不同。

（1）超外差一次变频接收电路

超外差一次变频接收电路是将天线接收射频 RF 信号和接收一本振信号混频后得到中频 IF 信号，该结构只采用了一个混频器，框图如图 4-23 所示。

（2）超外差二次变频接收电路

超外差二次变频接收电路采用两个混频器，称为双超外差接收机，二次变频的第一次混频是射频信号 RF 与一本振信号混频得到二者的差频即第一中频信号 IF1，第二次混频为第一中频信号 IF1 与二本振信号混频得到二者的差频即第二中频 IF2，框图如图 4-24 所示。

（3）直接变频线性接收电路

直接变频线性接收电路也称为"零中频"接收机，直接解调出 I/Q 信号，所以只有收发共用的调制解调载波信号振荡器（SHFVCO），其振荡频率直接用于发射调制和接收解调（接收、发射时振荡频率不同），框图如图 4-25 所示。

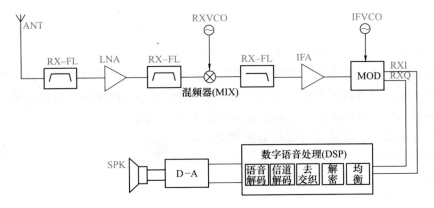

图 4-23　超外差一次变频接收电路框图

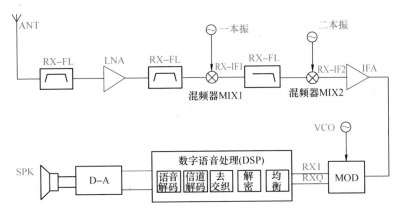

图 4-24　超外差二次变频接收电路框图

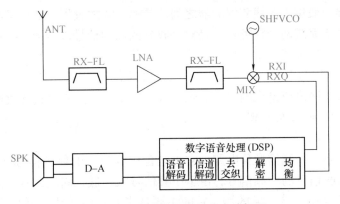

图 4-25　直接变频线性接收电路框图

　　无论采用哪种接收结构，经变频后均得到接收模拟基带信号，电路图中名称为 RXI 和 RXQ，该接收模拟基带信号经射频接收电路解调后得到，送入 DSP 中经过 GMSK 解调转换为数字基带信号，数字基带信号（码元脉冲序列）中包含加密码元、抗干扰码元和纠错冗余码元及语音码元，经过解密、去交织和信道解码后，得到纯粹的数字语音码元。随后，数字语音经过 D-A（PCM 解码）转换为模拟语音电信号，经过音频输出驱动后，送至扬声器还原成语音。

数字信号处理（DSP）采用专用 DSP 芯片，集成度为 100%，没有使用任何外部分立元器件，处理过程中产生的信号基本上不能测试到，所以这里只要求大家理解数字语音信号的处理流程，关于每一具体处理过程就不再详细说明。

基带信号测试是判断不能接收和发送音频的关键，是确定故障在射频电路还是基带电路的重要依据。示波器可以测量模拟基带信号，要在开机的 30s 内测量，模拟基带信号波形接近脉冲，基带信号在脉冲波形的上部，波形如图 4-26 所示。

对于铃音来说，不需要经过射频电路和 DSP 的处理，直接由 CPU 输出数字信号，转换为模拟信号后，送入振铃器。

图 4-26　模拟基带信号波形

3. 重要单元电路

（1）天线开关

天线开关接收和发射共用，主要完成两个任务：一是完成接收和发射信号的双工切换，为防止相互干扰，所以要有控制信号完成接收和发射的分离，控制信号来自 CPU 的 RX-EN（接收启动）、TE-EN（发射启动），或由它们转换而得来的信号；二是完成双频和三频的切换，使手机在某一频段工作时，另外的频段空闲，控制信号主要来自切换电路。天线开关连接接收滤波器和发射滤波器。有的手机采用双工滤波器，将接收信号和发射信号分离，防止强的发射信号对接收机造成影响，双工器包含一个接收滤波器和一个发射滤波器，两者都是带通滤波器（BPF）。

（2）带通滤波器（BPF）

带通滤波器只允许某一频段中的频率通过，而对于高于或低于这一频段的成分会被衰减，在高频放大器前后一般都会使用带通滤波器，只允许 GSM 频段（935～960MHz）和 DCS 频段（1805～1880MHz）进入接收电路，得到纯净的射频信号进入混频器。

（3）低噪声放大器（LNA）

低噪声放大器一般位于天线和混频器之间，是第一级放大器，所以又叫接收前端放大器或高频放大器。主要完成两个任务：一是对接收到的高频信号进行第一级放大，以满足混频器对输入的接收信号幅度的要求，提高接收信号的信噪比；二是这级放大器的放大管的集电极上加了由电感（L）与电容（C）组成的并联谐振回路，以选出所需要的频带，所以这级放大器还可以叫选频网络或谐振网络。低噪声放大器出现故障则手机接收性能变差，所以其一般采用分立元器件或 IC 来实现。

（4）混频器（MIX）

混频器实际上是一个频谱搬移电路，它将包含接收信息的射频信号（RF）转化为一个固定频率的包含接收信息的中频信号，由于中频信号频率低、固定，容易得到比较大而且稳定的增益，提高了接收电路的灵敏性。它的主要特点是：由非线性器件构成，有两个输入端，一个输出端，均为交流信号。混频后可以产生许多新的频率，可在多个新的频率中选出所需的频率（中频），将载波的高频信号不失真地变换为固定中频的已调信号，保持原调制规律不变，之后中频信号仍会继续进行滤波和放大。接收电路中的 MIX 位于 LNA 和 IFA 之间，是接收电路的核心。

（5）中频滤波器

中频滤波器一般为低通滤波器，保证中频信号的纯净。

（6）中频放大器（IFA）

中频放大器是接收电路的主要增益来源，它一般是共射极放大器，带有分压电阻和稳定工作点的放大电路。它对工作电压要求高，一般采用专门供电，集成在中频 IC 内或用分立元器件来实现。

（7）解调器

解调是调制的逆过程，多数手机往往都是对零中频进行正交解调，得到四路基带 I/Q 信号，其中 I 信号为同相支路信号，Q 信号为正交支路信号，两者相位相差 90°，所以称为正交解调。

从天线到 I/Q 信号解调，接收电路完成全部任务。测量接收电路就是测试 I/Q 信号，如果测到 I/Q 信号，则说明前边各部分电路，包括本振电路都没有问题，接收电路已经完成其接收任务，解调电路是射频电路和逻辑电路的分水岭。

（8）数字信号处理（DSP）

接收基带（I/Q）信号在逻辑电路中经 GMSK 解调后，进行去交织、解密、信道解码等 DSP 处理，再进行 PCM 解码，还原模拟语音信号，推动受话器送入人耳。

在具体手机电路中，射频信号滤波、放大等处理形式不尽相同，在读图时要给予注意。滤波电路由带通滤波器和分立元件来实现，低噪声放大电路和混频电路可能用分立电路或者集成电路来实现。

摩托罗拉 V60 手机接收电路的射频滤波电路如图 4-27 所示。

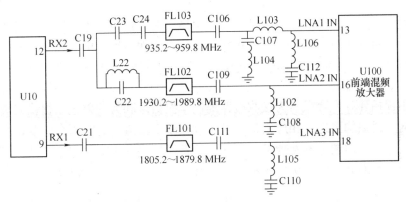

图 4-27　摩托罗拉 V60 手机接收电路的射频滤波电路

摩托罗拉 V60 手机是一款三频手机，该电路原理图中 FL101、FL102 和 FL103 分别是三个不同的带通射频滤波器，用来对由 U10 输出（经由 9 或 12 引脚）的天线接收的射频信号进行滤波，射频信号具体从哪个引脚输出由 U10 决定。U10 是一个天线开关，完成信号的收发和频段的转换。三频段低噪声放大器和混频器都集成在同一集成电路 U100 中，对于信号的测量有一定的影响。

4.3.3　频率合成器

利用一块或少量晶体及采用综合或合成技术，可获得大量的不同的工作频率，而这些频率的稳定度和准确度接近石英晶体的稳定度和准确度，所采用的技术称为频率合成技术。频率合成的方法主要有直接频率合成、直接数字频率合成和锁相环频率合成，在手机中主要采用后者。

1. 锁相环频率合成器

锁相环频率合成技术是利用锁相环路（Phase-locked Loop，PLL）的特性，使 VCO 输出频率与基准频率保持严格的比例关系，并得到相同的频率稳定度。锁相环路是一种以消除频率误差为目的的反馈控制电路。

（1）作用

使压控振荡电路输出的振荡频率与基准频率相同，并且相位一致（即同步）。

（2）组成

它由鉴相器（PD）、低通滤波器（LPF）、压控振荡器（VCO）三部分组成。锁相环频率合成器框图如图 4-28 所示。

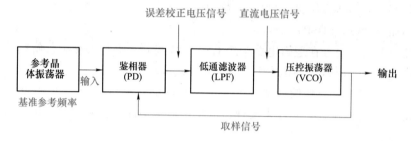

图 4-28　锁相环频率合成器框图

其中鉴相器（PD）是一个相位比较器，VCO 输出的振荡频率送回一个取样信号与基准频率进行鉴相，使鉴相器送出一个与相位误差成比例的误差校正电压信号，此误差电压信号经低通滤波器（LPF）滤波得到纯净的直流电压信号去控制 VCO 的输出频率。

2. 手机中的频率合成

手机采用锁相环频率合成器为接收电路提供本振信号和为发射电路提供载波信号。

手机入网、通话均要进入相应信道，至于进入哪个信道，完全听命于基站的指令，这就要求手机的收信、发信频率不断地发生变化，并且无论是本振信号还是载波信号，都要求其频率要足够稳定和准确，即手机中频率合成器必须满足下列条件，以实现信道的自动搜索和锁定。

1）能够自动产生"所需频率"，频点数目多，频率可变。每个频率都与每一通信信道的射频中心频率有关，二者同步变化，在接收电路中二者实现混频和解调。如手机接收的是基站第 62 信道发送的信号，接收频率为 947.4MHz，则 RX VCO 输出频率为中频频率 f_{IF} 加上 947.4MHz。当接收到的是第 37 信道的射频信号时，RX VCO 输出频率必须变成 f_{IF} 加上 942.4MHz。

2）"所需频率"产生后要保持，频率变化必须经过软件程序控制才能进行。在接收过程中，当接收频率不变时，RX VCO 输出频率必须保持不变，并且频率必须足够准确，其允许误差上下限为 −90～90Hz（以 GSM 频段为例）。频率误差由当前接收信号的所属频段决定。

注：DCS 1800MHz 频段和 PCS 1900MHz 频段射频信号允许误差分别为 −180～180Hz 和 −190～190Hz。

为了满足条件1），手机能够根据需要，按照系统的控制变化自己的工作频率，如果同时使用多个振荡器是不切实际的，因此手机采用压控振荡器（VCO）来作为振荡器。

为了满足条件2），VCO 输出的频率还要能够保持要求的确定值，并足够精确和稳定，所以 VCO 必须受控，因此采用了带有锁相环控制的 VCO，英文简称为 PLL VCO，我们称之为锁相环频率合成器，简称频率合成器。

手机频率合成器包括接收频率合成器和发射频率合成器，它们可以实现信道的自动搜索和信道锁定。根据手机接收电路和发射电路的结构形式，接收频率合成器又包括接收第一本振（摩托罗拉手机称为 RX VCO，诺基亚称为 UHFVCO，三星称为 RX-LO）和第二本振（摩托罗拉手机称为 IFVCO，诺基亚称为 VHFVCO，三星称为 IF-LO）；发射频率合成器（TX VCO）也包括发射载波和中频载波频率合成器。

手机频率合成器原理如图 4-29 所示。

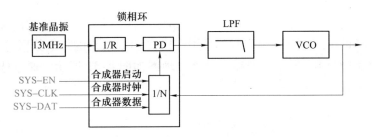

图 4-29　手机频率合成器原理图

频率合成器实现了三方面的控制：

第一，信道搜索和锁定控制。当射频信号进入某一信道时，接收第一本振输出的高频振荡信号必须马上跟踪进入该信道才能得到固定的中频频点。来自逻辑电路的 SYS-EN、SYS-CLK、SYS-DAT 三路信号控制完成这项任务，通过逻辑电路提供的合成器分频比数值 SYS-DAT 对 VCO 输出的高频振荡信号进行分频来实现。

第二，VCO 振荡频率精度的控制。

第三，对工作频段的切换控制。

除了射频电路中采用锁相环频率合成器外，手机中的实时时钟和系统时钟也采用了锁相环频率合成器电路。

在摩托罗拉 V60 手机的接收本振（频率合成器）RX VCO 实际电路原理图中，如图 4-30 所示，鉴相器（PD）和分频器（1/F）均被集成在射频芯片 U201 中。

U300 表示 RX VCO 模块，第 11 引脚输出 RF_OUT 送至混频电路与射频接收信号进行混频。V60 手机是一款三频手机，能接收三种频段射频信号，变频器和频率合成器都是共用的，VCO 输出与这三种频段相对应的三组频率，作为本振信号。这些频段和频率范围分别为：

1）GSM 900MHz：1335.2MHz 至 1359.8MHz。

2）DCS 1800MHz：1405.2MHz 至 1479.8MHz。

3）PCS 1900MHz：1530.2MHz 至 1589.8MHz。

手机接收信号时，VCO 会根据当前接收的射频信号所处频段来调整输出的频率范围，进而再根据接收信道来确定并输出当前频率值。其实，VCO 本身并不能判断当前接收的频

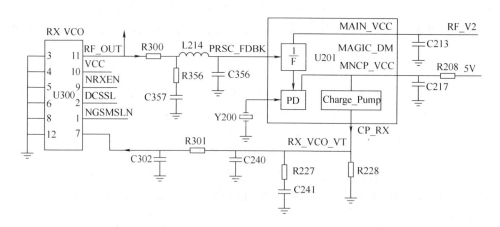

图 4-30　摩托罗拉 V60 手机接收本振（频率合成器）RX VCO 电路原理图

段，而是通过接收来自 CPU 的控制指令，根据指令数据，来决定当前输出频率频段。在图 4-30 中，RX VCO 的 1、2、9 三个引脚就是用来接收 CPU 发出的指令数据的。

环路滤波器是一个 RC 低通滤波器，电路原理图如图 4-31 所示。通过选择合适的电阻和电容参数，来对鉴相器输出的脉动电压进行滤波，从而防止高频谐波对压控振荡器 VCO 造成干扰。

通过对手机射频电路的接收电路和发射电路组成和结构的介绍，相信大家对手机射频电路的工作原理有了简单的认识。手机完整的语音收发处理是由射频电路和音频电路两大功能模块完成的，二者之间，既独立又互相联系。从维修角度来说，射频电路的相关故障我们统称为射频故障，包括接收和发射两大类。不开机故障、用户接口故障等统称为基带电路故障。

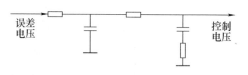

图 4-31　环路滤波器电路原理图

习题四

1. 画出手机整机电路组成框图。
2. 画出手机主板电路组成框图，并作简要说明。
3. 画出手机基带电路组成框图，并简要说明手机基带电路的主要功能。
4. 手机逻辑电路的组成和功能是什么？
5. CPU 工作的三要素是什么？
6. 画出手机开机的流程图，简述手机的开机过程。
7. 手机射频电路包括哪几部分？简述各自的功能。
8. 画出手机超外差一次变频接收电路框图。
9. 画出手机直接变频线性接收电路框图。
10. 简述接收本振 RX VCO 的工作原理和组成。
11. 画出手机频率合成原理图，并简要说明各组成部分的功能。
12. 为什么手机采用频率合成器来提供接收本振和发射载波信号？

第五部分

应用篇

项目五

L7手机故障分析与检修

学习目标

◇ 理解 L7 手机电路组成和工作原理；
◇ 掌握 L7 手机用户接口电路图识图方法；
◇ 掌握 L7 手机射频电路图识图方法；
◇ 能够运用工作原理分析电路故障。

工作任务

◇ L7 手机电路图识图；
◇ 测试用户接口电路和射频电路关键信号的电压和波形；
◇ 分析检修典型用户接口电路和射频电路故障原因；
◇ 书写测试报告。

L7 手机用户接口电路由键盘电路、显示电路、音频输入/输出电路、SIM 卡接口电路、照相电路和外存储卡电路组成。这几种电路和手机主板电路通过接口连接，进行双向信息传输，将用户操作、语音或图像等转换为电信号送给主板，或将主板输出的显示数据和语音送至显示屏或扬声器等部件上。

接口电路辨识非常简单，电路原理图中，接口部件标注由字母和数字两部分组成，以 L7 键盘接口电路为例，键盘接口标注为 J508，有 40 个引脚，这些引脚根据连接信号的传输方向可分为输入引脚和输出引脚，分别连接不同的输入和输出信号，这些信号是由相关集成电路送出的，或者送到相应集成电路中，一般还要经过滤波、稳压等处理，滤波稳压等电路由电阻、电容和二极管等组成。一个完整的某一类型的接口电路是由接口、集成电路和分立元器件共同组成的。

L7 手机射频电路包括接收电路和发射电路两部分，主要涉及收发合成信号处理器 RF6025 和功率放大器 RF3178。

任务一　音频电路故障分析与检修

学习目标

◇ 理解送话器、受话器和耳机电路工作原理；
◇ 掌握音频输入输出电路典型故障类型和故障现象；
◇ 掌握音频输入输出电路的识图方法；
◇ 能够运用音频电路工作原理分析音频电路故障；
◇ 能够总结音频输入输出电路故障分析方法。

工作任务

◇ 能够总结音频接口电路故障分析方法和测试流程。
◇ 分析检测音频输入输出电路故障产生原因；
◇ 完成技能训练；
◇ 撰写故障检修报告。

音频电路根据语音传输方向和传输路径分为三部分，即送话电路、受话电路和耳机电路。

5.1.1　L7 送话电路工作原理与故障分析

1. L7 送话电路工作原理

L7 送话电路工作原理框图如图 5-1 所示，工作原理比较简单，音频输入电路由主受话器 MIC1（主受话器座为 J505）、键盘接口 J508 和电源音频 IC U900 组成。

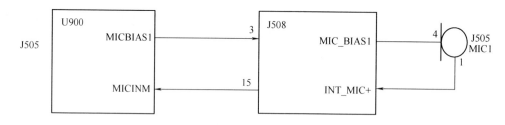

图 5-1　L7 送话电路工作原理框图

L7 送话电路原理图如图 5-2 所示，U900 P9 引脚输出 MIC_ BIAS1 直流电压，如图 5-2 a 所示，经 J508 引脚 3 传输提供给主受话器座 J505 的第 4 引脚，作为 MIC1 工作的偏压 MIC_ BIAS1，大小为 2.2 V，如图 5-2 b、c 所示，得到此电压后，MIC1 将语音信号转换为模拟音频电信号 INT_MIC +，由 J505 引脚 1 输出，如图 5-2c 所示，再经 J508 引脚 15 送入到主板电源电路，模拟音频电信号 INT_MIC + 传输如图 5-2b 所示，信号 INT_MIC + 再经电容 C958

耦合输入 U900 IC 引脚 T9，如图 5-2d、a 所示，此时模拟电信号名称为 MIC_INM。

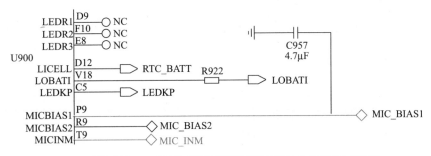

a) 直流电压MIC_BIAS1产生和模拟音频电信号MIC_INM输入原理图

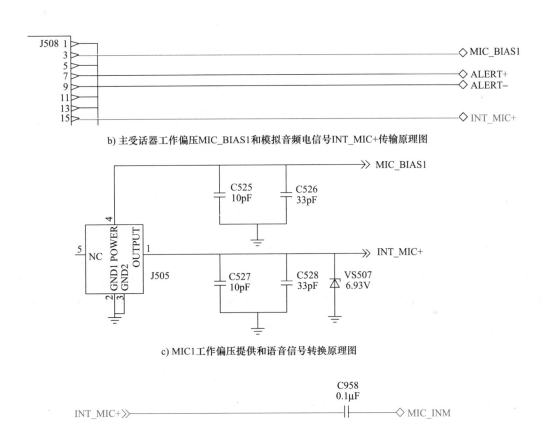

b) 主受话器工作偏压MIC_BIAS1和模拟音频电信号INT_MIC+传输原理图

c) MIC1工作偏压提供和语音信号转换原理图

d) 模拟音频电信号INT_MIC+耦合输入原理图

图 5-2　L7 送话电路原理图

音频信号输入 U900，在 U900 内部集成的音频模块中完成功率放大和 A-D 转换（PCM编码），形成数字语音信号，而后进入 DSP 中形成基带信号，经射频电路处理后经天线耦合成电磁波，向基站发射。

2. L7 送话电路故障分析

送话电路典型故障为无音频信号输入，故障现象表现为：

◆ 拨打电话时，对方不能听到声音；

◆ 生产测试中，测试人员对送话器讲话，不能听到扬声器传出的回音。

在理解了音频输入通道对语音信号处理过程基础上，此故障非常容易处理。

（1）分析方法

1）确认送话电路接触良好。

2）进行故障确认，进入 Radiocomm CIT 界面，设置音频参数。

3）利用万用表或示波器测量送话电路工作电压是否正常提供，在 C525 处测量 MIC_BI-AS1 电压值是否正常，如果电压没有，依次测量 J508 引脚 3 和 C957 的 MIC_BIAS1 电压值，如果正常，则按步骤 4 执行，否则更换 U900。

4）维修人员对送话器吹气，用示波器在 VR507 处测量是否有低频信号波形，如果没有，更换送话器。

5）如果更换后仍不正常，更换 U900。

（2）维修实例

1）故障现象为送话器声音小。

2）检修步骤：将送话器取下，利用万用表欧姆档检测，用嘴对着送话器吹气，观察万用表阻值的变化，发现阻值在改变，这说明送话器正常，按照图 5-2 所示 L7 送话电路原理图在主板和键盘板上依次查找这些电阻和电容元件，看是否有丢失或虚焊。

3）故障原因：经检查发现电容 C958 一端虚焊，进行补焊后故障修复。

5.1.2 L7 受话电路工作原理与故障分析

1. L7 受话电路工作原理

受话电路即音频输出电路，包括语音输出电路和振铃电路，电路框图如图 5-3 所示，语音输出电路还原并输出语音信号送至主受话器；振铃电路为铃音的产生和传输电路。U900 内部音频模块对 CPU 输出的数字语音信号进行 PCM 解码，即进行 D-A 转换，而后经过功率放大后，经相应引脚输出至受话器，以便驱动受话器（喇叭）输出适当音量的语音信号。

语音信号输出电路图如图 5-4 所示，U900 产生极性相反的两路语音信号 SPKRM 和 SP-KRP 并由 T6 和 R7 引脚输出。

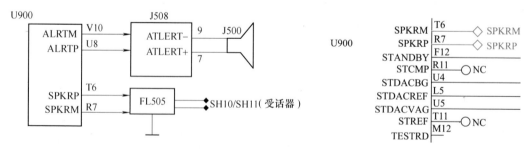

图 5-3　L7 语音输出和振铃电路框图　　　　图 5-4　语音信号输出电路

继续对这两路语音信号进行滤波、稳压（VS508、VS509）等处理后输出至受话器接口——Speaker Con. 的 SH10/SH11 两个引脚，语音传输电路原理图如图 5-5 所示，受话器接口在主板上的位置如图 5-6 所示。

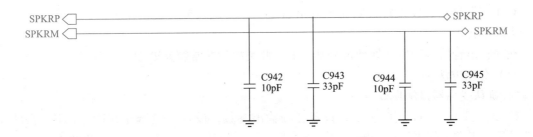

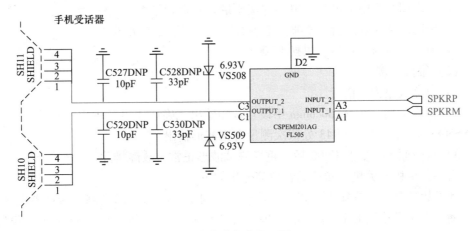

图 5-5　语音传输电路原理图

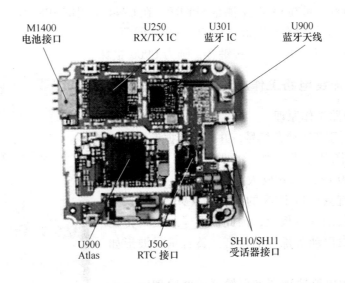

图 5-6　受话器接口位置

　　经过接口将语音信号送给安装在 L7 手机前盖的扬声器，该电声器件将模拟音频电信号转换为清晰的语音，送至人耳。

　　2. L7 受话电路故障分析

　　受话电路典型故障为无语音信号输出，故障现象表现为：

◆ 接听电话时，不能听到语音；

◆ 生产测试中，设置好音频输入输出通道后，测试人员对送话器讲话，不能听到扬声器传出的回音。

在理解语音信号产生和处理过程基础上，此类故障非常容易处理。

（1）分析方法

1）确认受话器接触良好。

2）进入 Radiocomm CIT 界面，设置音频输出参数，设置示波器在 SH10、SH11 测量音频信号是否正常，如果没有音频输出，则需根据信号的处理过程由后向前依次排查。

3）检查图 5-5 中的电容、电感焊接质量，并查看是否有元件丢失。

4）用示波器在稳压管 VS508、电容 C942、C943 处依次测量。

5）当所有原因排查后，更换 U900。

（2）维修实例

1）故障现象为无语音。

2）检修步骤：在 Radiocomm 中设置音频输出，确认无语音输出；然后用示波器在稳压管 VS508、电容 C942、C943 处依次测量有无波形输出。

3）故障原因：更换 U900 后，重新测试波形正常，故障排除。

另外，手机开关机音和按键音故障分析如下：

此类故障都与音频输出电路有直接联系，测试这两部分都是测量送话器电路是否正常。具体测试方法是使用 EMU 接口使手机开机，然后进入 Radiocomm CIT 界面，设置音频输出参数，按压任意键应能从送话器中听到单音。

1）如果无单音，可在 C942_1 测量 SPKRP，在 C944_1 测量 SPKRN，如果有正弦波，则为 FL505 的问题；如果没有正弦波，可能为 U900 问题。

2）如果有单音仍无开机音和按键音，则为 U900 损坏。

5.1.3 L7 振铃电路工作原理与故障分析

1. L7 振铃电路工作原理

此部分电路用于产生铃音信号，并输出至振铃器。L7 手机振铃电路框图如图 5-3 所示。铃音信号 ATLERT-／ATLERT＋在 U900 内经功率放大后由其引脚 V10 和 U8 输出，然后送至键盘接口 J508 的两引脚（9、7），这是因为振铃器没有装配在主板上，因此需要经过接口传输信号给振铃器，发出动听悦耳的铃音。铃音信号波形如图 5-7 所示。

铃音信号输出电路原理图和振铃器电路原理图分别如图 5-8 和图 5-9 所示。

2. L7 手机振铃电路故障分析

振铃电路故障为来电时无铃音输出，故障现象表现

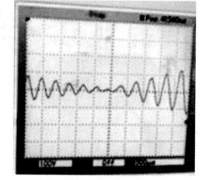

图 5-7 铃音信号波形

为：无振铃、铃音小。在理解了铃音信号的产生和处理过程基础上，此类故障非常容易处理。

（1）分析方法

1）确认振铃器接触良好。

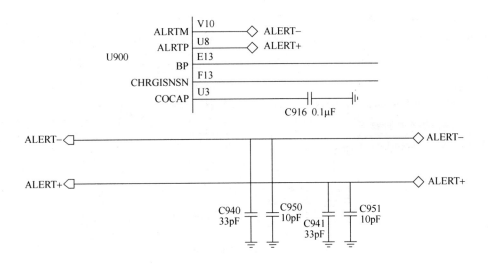

图 5-8 铃音信号输出电路原理图

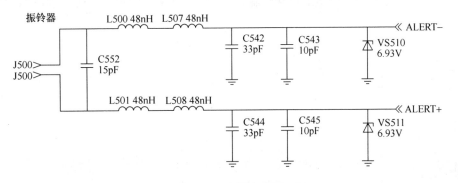

图 5-9 振铃器电路原理图

2）利用观察法目测 J508、J512 焊接有无冷焊（CS）、连焊（SS），内部是否变形。

3）利用示波器测量 VS510 或 VS511 是否有图 5-7 所示正弦波，如没有，先对图 5-9 中电容、电感焊接质量进行检查，并看是否有元件丢失。

4）继续测量 C941 处是否有正弦波，如果没有波形，更换 U900。

5）铃音小故障一般需要更换振铃器。

（2）维修实例

1）故障现象为无振铃。

2）检修步骤：在 Radiocomm 中设置音频振铃输出，确认无铃音输出；目测观察接口 J508 和 J512 焊接良好，继续测量 C940 波形无输出。

3）故障原因：更换 U900 后，重新测试波形正常，故障排除。

5.1.4 L7 耳机电路工作原理与故障分析

1. L7 耳机电路工作原理

耳机和充电器等外设都通过 USB 接口与手机主板连接，USB 如何进行不同功能的识别呢？其实这些外设具备不同的阻值，当有外设插入 USB 接口后，通过 USB 引脚 2 进行不同阻值的判别，进而识别出不同功能的外设，USB 及其引脚功能示意图如图 5-10 所示。

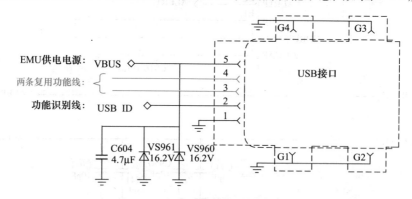

图 5-10　USB 及其引脚功能示意图

当耳机插入 USB 接口 J500 时，J500 引脚 2 将外设识别信号提供给 U900，U900 完成判断并向 CPU 提出中断申请，CPU 响应后，在 LCD 上显示插入耳机信息，并经 C12 引脚输出控制信号，打开三态门 U901，允许 U900 输出耳机音 UDM、UDP。耳机识别电路原理图如图 5-11 所示。

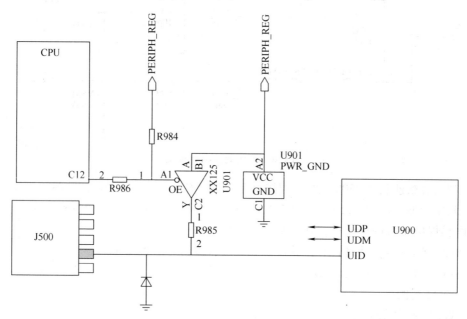

图 5-11　耳机识别电路原理图

耳机音产生电路原理图如图 5-12 所示，耳机音经滤波稳压处理后经过 USB 接口输出至耳机，电路原理图如图 5-13 所示。图 5-12 中，U900 经 F3 和 E3 两个引脚输出耳机音 UDM（D-）、UDP（D+），经过图 5-13 的 FL500 处理后送入 USB J500 的 3、4 引脚，由图 5-10 可知，此时复用功能线传输的是耳机音。

用示波器可在 R920、R921 或者 J500 的 3、4 引脚看到正弦波。

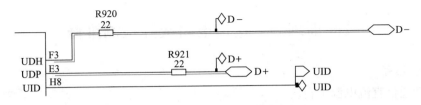

图 5-12　耳机音产生电路原理图

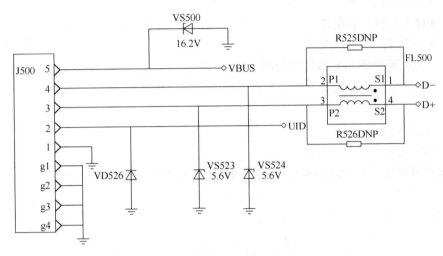

图 5-13　耳机音传输电路原理图

2. L7 耳机电路故障分析

L7 耳机电路常见故障为无免提，具体故障现象为，耳机插入 USB 接口后，人耳不能听到声音。

通过耳机电路工作原理的分析可知，耳机音由 U900 发出，通过 FL500 和 USB 的 D+、D-，传到立体声耳机中。因此分析此类故障重点考虑耳机识别电路，即 USB_ID（UID）。

（1）分析方法

1）U901 是一个易碎件，首先目测观察有无碎裂，若外观已经损坏，则要进行更换。

2）用电池开机后测量 UID 应为 2.7V，插上耳机，再测量 UID 应为 1.13 V。

3）如果 UID 低于正常值，再测量 PERIPH_REG = 2.77V，如果该电压略小，一般原因为 U900 器件损坏。

4）如果 PERIPH_REG 电压正常，此时需要测试 R986 的 2 端是否为低电平。如果异常，需要更换 CPU；如果正常继续测量 R985 的 1 端应有 2.75V 左右的电压，如异常则为 U901 的问题，如果正常，需要更换 U900。

（2）维修实例

1）故障现象为无免提音。

2）检修步骤：用电池开机后测量 UID 仅为 2.57V；插上耳机，再测量 UID 仅为 0.8V；进一步测量 PERIPH_REG 仅为 2.69V，因此判断 U900 器件损坏。

3）故障原因：更换 U900 后故障排除。

技能训练一　送话电路故障检测维修

一、测试设备

1）移动通信直流电源 1 台。

2）数字万用表 1 台。

3）数字示波器 1 台。

4）维修专用软件和附件。

二、测试准备

1）L7 电路原理图和元器件布局图准备。

2）电源输出正确设置，其他仪器相关功能正常启用。

三、测试电路

L7 手机送话电路见图 5-2。

四、测试内容与要求

按照测试程序完成测试内容，并撰写测试报告和填写维修任务单。

五、测试程序

1. 送话电路电压和波形测试

1）主板加电开机，用万用表电压档测试 MIC_BIAS1，测试点为 C957、C525 或 C526。

2）继续测试 INT_MIC +，方法是对着送话器吹气，用示波器测量，测试点为 C527、C958 或 VS507。

2. 送话电路故障检测

（1）故障现象

1）拨打电话时，对方不能听到声音；

2）生产测试中，测试人员对着送话器讲话，不能听到扬声器传出的回音。

（2）故障分析与检测流程

1）确认送话器接触良好。

2）进行故障确认：进入 Radiocomm CIT 界面，进行回音输入/输出设置，如图 5-14 所示。首先，选择音频输入输出路径 AUD_PATH Input/Output，然后单击 SET 设置；其次，单击 Sidetone ON 打开侧音。语音输入正常情况下应能从扬声器中传出回音。

图 5-14　Radiocomm 回音输入/输出设置

3）如果确认故障存在，利用万用表或示波器测量送话器工作电压 MIC_BIAS1 是否正常提供，在 C525 处测量，如果没有电压，依次测量 J508 引脚 3 和 C957 处的 MIC_BIAS1，如果电压正常，则按步骤 4 执行，否则更换 U900，直到该电压正常提供。

4）测试人员对送话器吹气，用示波器在 VS507 处测量是否有低频信号波形。如果没有波形，更换送话器；如果波形出现，按照步骤 2 确认故障是否排除。如果仍然没有波形输出，此时要检查 C527、C528 和 VS507 是否短路和失效，通过万用表蜂鸣器测试这些元器件对地是否短路即可，依次测量查找故障原因。

5）如果故障不能排除，则为 U900 或 U800 器件损坏，依次更换 U900、U800，直至故障排除。

技能训练二　受话电路和振铃电路故障检测维修

一、测试设备

1）移动通信直流电源 1 台。

2）数字万用表 1 台。

3）数字示波器 1 台。

4）维修专用软件和附件。

二、测试准备

1）L7 手机电路原理图和元器件布局图准备。

2）电源输出正确设置，其他仪器相关功能正常启用。

三、测试电路

L7 手机语音传输电路，见图 5-5；振铃器电路，见图 5-9。

四、测试内容与要求

按照测试程序完成测试内容，并撰写测试报告和填写维修任务单。

五、测试程序

1. 受话电路电压和波形测试

1）主板加电开机，用万用表电压档测试 SPKRM、SPKRP，测试点为 VS508、VS509。

2）用示波器测试 SPKRM、SPKRP 波形。此时首先要参考下面介绍的故障分析与检测流程中的步骤 2 开启内部扬声器，然后再进行波形测量。也可以简易判断，即对着受话器吹气，用示波器测量波形是否为幅度变化的正弦波，测试点为 VS508、VS509。

2. 受话电路故障检测

（1）故障现象

1）接听电话时，不能听到对方声音。

2）生产测试中，测试人员对送话器讲话，不能听到扬声器传出的回音。

3）手机开关机音和按键音无音。

（2）故障分析与检测流程

1）确认受话器接触良好。

2）进行故障确认：进入 Radiocomm CIT 界面，进行受话器输入/输出设置，如图 5-15 所示。

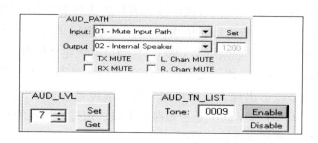

图 5-15　Radiocomm 受话器输入/输出设置

首先，选择受话器输出路径 AUD_PATH 的 Input/Output，然后单击 SET。

其次，设置音频音量 AUD_LVL："7"，然后单击 SET。

再次，设置 AUD_TN_LIST 为 "0009"，然后单击 Enable，受话器输出正常情况下应能从受话器中传出单音。

3）如果故障确认存在，利用示波器在 SH10、SH11 处测量音频信号波形是否产生，如果信号波形出现，说明音频处理通道工作正常，只需对机械连接进行检查，重点察看受话器连接；如果没有信号波形输出，按照下列步骤依次排查。

4）检查图 5-5 语音传输电路原理图中的元器件的焊接质量，并仔细观察是否有元器件丢失，如 C942～C945、C527～C530、VS508、VS509 等。

5）继续保持主板和 Radiocomm 通信，维持故障确认时的状态，用示波器在 C942 处测量 SPKRP，在 C944 处测量 SPKRN。如果有正弦波，则为 FL505 的问题，与稳压管 VS508、VS509 也有关；如果没有正弦波，为 U900 的问题。

注：如果有单音仍无开机音和按键音，则为 U900 损坏。

3. 振铃电路电压和波形测试

1）整机加电开机，利用 Radiocomm 设置整机处于铃音输出状态，应能听到振铃器输出铃音，设置方法如图 5-16 所示。

首先设置铃音音量 AUD_LVL 为 "7"，然后单击 SET；

其次选择铃音类型 Alert 为 "Classic"，然后单击 Enable，应能从振铃器中传出铃音。

2）用示波器测试 ALERT+、ALERT-，测试点为 C940、C941，记录测试波形幅度和频率。

图 5-16　Radiocomm 振铃输出设置

4. 振铃电路故障分析与检测

（1）故障现象

1）来电时，没有振铃提示音。

2）生产测试中，无铃音。

3）铃音音量低。

（2）故障分析与检测流程

1）利用观察法目测 J508 焊接有无冷焊、连焊，内部是否变形。

2）测量 C941 处是否有正弦波，如果没有波形，更换 U900。

3）检查 VS510、VS511、C542～C545 焊接质量，查看是否有元器件丢失。

4）铃音小故障一般需要更换振铃器。

技能训练三　耳机电路故障检测维修

一、测试设备

1）移动通信直流电源 1 台。

2）数字万用表 1 台。

3）数字示波器 1 台。

4）维修专用软件和附件。

二、测试准备

1）L7 电路原理图和元器件布局图准备。

2）电源输出正确设置，其他仪器相关功能正常启用。

三、测试电路

音频耳机音产生电路，见图 5-12；耳机音传输电路，见图 5-13。

四、测试内容与要求

按照测试程序完成测试内容，并撰写测试报告和填写故障检修任务单。

五、测试程序

1. 耳机电路电压和波形测试

1）整机加电开机，利用 Radiocomm 设置整机处于耳机音频输入/输出状态，设置方法如图 5-17 所示，对着耳机受话器说话，应能从耳机左右声道听到回音。

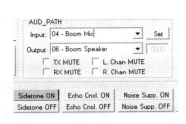

图 5-17　耳机音频输入/输出设置

2）用示波器测试 UDM（D－）、UDP（D＋），测试点为 R920、R921，记录测试波形幅度和频率。

2. 耳机电路故障检测

（1）故障现象

无耳机音，具体表现为：耳机插入 USB 接口后，人耳不能听到声音。

（2）故障分析与检测流程

重点考虑耳机识别电路，主要观察 USB_ID（UID）信号。

1）目测观察 U901 有无碎裂。

2）用电池开机后测量 UID 应为 2.7V；插上耳机，再测量 UID 应为 1.13V。

3）如果 UID 低于正常值，再测量 PERIPH_REG = 2.77V，如果该电压略小，一般为 U900 损坏。

4）如果 PERIPH_REG 电压正常，此时需要测试 R986 的 2 端是否为低电平。如果异常，需要更换 CPU；如果正常继续测量 R985 的 1 端应有 2.75V 左右的电压，如异常则为 U901 的问题，如正常，需要更换 U900。

任务二　SIM 卡电路故障分析与检修

学习目标

◇ 理解 SIM 卡电路工作原理；
◇ L7 手机 SIM 卡电路图识图；
◇ 掌握 SIM 卡电路典型故障类型和故障现象；
◇ 能够总结 SIM 卡电路故障分析方法。

工作任务

◇ 测试 SIM 卡电路关键信号的电压和波形；
◇ 分析 SIM 卡电路工作过程；
◇ 分析 SIM 卡电路故障产生原因；
◇ 完成技能训练并撰写测试报告。

5.2.1　SIM 卡电路工作原理

L7 手机 SIM 卡电路通过 SIM 卡座（SIM Connector）将 SIM 卡和手机主板连接，实现机卡间通信。

手机开机后，首先检测 SIM 卡是否存在，如存在则与 SIM 卡进行通信，读取卡中的信息，如不能检测到有效的 SIM 卡，即显示"Check Card"或"请插卡"。SIM 卡内部嵌有微处理器芯片，包括五个模块：微处理器、程序存储器、工作存储器、数据存储器和串行通信单元，每个模块对应一个功能。SIM 卡触点功能和 L7 手机 SIM 卡座实物如图 5-18 所示。

SIM 卡上有六个触点，有 5 个被使用，其中 1 个接地，另外 4 个分别接 3.25MHz 的 SIM 卡时钟信号、1.8V/3V 的 SIM 卡电源信号、SIM 卡复位信号和 SIM 卡 I/O 信号，SIM 卡触点功能示意图如图 5-18a 所示。L7 手机 SIM 卡座 M1200 实物如图 5-18b 所示。

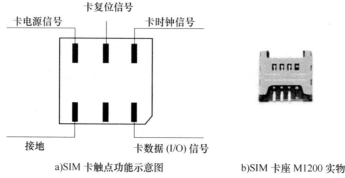

a)SIM 卡触点功能示意图　　　　　b)SIM 卡座 M1200 实物

图 5-18　L7 手机 SIM 卡触点功能和卡座实物

L7 手机 SIM 卡电路框图如图 5-19 所示。

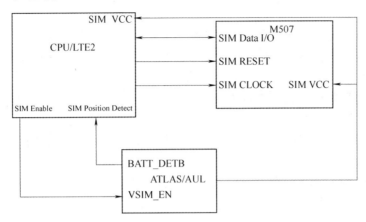

图 5-19 L7 手机 SIM 卡电路框图

L7 手机 SIM 卡电路工作的基本过程包括以下几方面：

1）SIM-PD 用于检测电池电压是否存在，当电池提供的电压送至 ATLAS（U900）时，ATLAS 监测到该电压后输出 SIM-PD 送至 CPU；

2）CPU 输出使能信号 SIM Enable 给 ATLAS，该信号控制内部集成的 SIM 稳压器工作，ATLAS 输出 SIM VCC 电压给 CPU 和 SIM 卡座 M507；

3）当 CPU 得到 SIM VCC 电压后，输出 SIM CLOCK 和 SIM RESET 信号至 M507；

4）当 SIM 卡模块通过 M507 得到电压、复位和时钟信号后，开始和 CPU 进行数据的双向通信，CPU 通过 SIM Data I/O 数据线读取 SIM 卡内部数据，如不能读取数据则表明 SIM 卡不存在，手机软件会相应显示"请插卡"或相关字符。

需要说明的是，开机过程中 SIM VCC 供电产生输出后，CPU 会通过 SIM 卡 I/O 口（SIM Data I/O）检测 SIM 卡是否存在，如没有检测到卡，软件很快将 SIM VCC 关闭。也就是说，在不插卡的状态下，仅能在开机的瞬间测试到供电电压，而在插卡开机的状态下，此供电电压将一直存在。

L7 手机 SIM 卡部分电路原理图如图 5-20 所示。

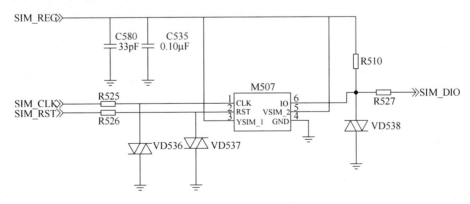

图 5-20 L7 手机 SIM 卡部分电路原理图

5.2.2　SIM 卡电路故障分析

SIM 卡电路故障比较容易处理，故障现象主要表现为手机插入 SIM 卡后，仍然显示不识卡，即"检查卡"、"请插卡"等。

1. 分析方法

采用观察法、阻值法、电压测量法。

2. 检修步骤

阻值测量是利用万用表电阻档测量各个引脚对地电阻，与正常阻值进行比较。当阻值正常时，继续测量电压。

1）测量 SIM_REG 电压。在开机瞬间，可通过示波器测量到 M507 卡座引脚 3 的 SIM_REG 上应有 1.8V/3V 电压。

2）若 SIM_REG 没有电压，需要检查 VSIM_EN 信号。此信号直接从 U800 到 U900，没有测试点，只有逐一更换 U800、U900。

3）检查 SIM CLOCK 和 SIM RESET 信号是否正常。如果不正常，则要检查此两路信号的对应电路。

3. 维修实例

1）例一：故障现象为 L7 手机不识卡（1）。检修步骤如下：

如图 5-20 所示，首先检查 M507 各触点对地电阻阻值是否正常，检测阻值正常。其次在 C535 一端测量 SIM_REG 电压，此电压在 1V 和 2V 两个数间跳变，而正常值应该是 1.8V 和 3V 间跳变，根据图 5-20 可以分析出，如果 SIM 卡供电滤波的电容漏电，会造成 SIM 卡的供电电压降低，进一步检测电容 C535 后发现其果然漏电，更换电容后，故障排除。

2）例二：故障现象为 L7 手机不识卡（2）。检修步骤如下：

利用电阻法和电压法进行测量后发现测量值均正常，观察 SIM 卡接口 M507 也正常，进一步观察 J508 后发现传输 SIM 卡信号引脚凹陷入 J508 槽内，不能正常接触并传输 SIM 卡数据 SIM_DIO，更换 J508 后故障排除。

注意：由于 L7 手机的 SIM 卡座并不在主板上，需要接口进行连接，所以在进行故障分析时，首先利用观察法对接口进行目测，检查是否有变形和虚焊等工艺问题，在排除这些问题后再进行电路原理分析，这样可以节省宝贵的维修时间。

技能训练四　SIM 卡电路故障检测维修

一、测试设备

1）直流电源 1 台。

2）数字万用表 1 台。

3）数字示波器 1 台。

4）维修专用软件和附件。

二、测试准备

1）运行 Radiocomm 维修软件。

2）L7 电路原理图和元器件，布局图准备。

3）电源输出正确设置，其他仪器相关功能正常启用。

三、测试电路

SIM 卡电路框图，见图 5-19。

四、测试内容与要求

按照测试程序完成测试内容，并撰写测试报告和填写故障检修任务单。

五、测试程序

1. SIM 卡电路电压和波形测试

1）测量卡电压 SIM_REG，在 SIM 卡座的触点 3 和触点引脚 5 测量，电压正常值为 1.8V/3V，波形为矩形脉冲；

2）测量卡时钟 SIM CLOCK 信号、卡复位 SIM RESET 信号和卡数据 SIM_I/O 信号。

2. SIM 卡电路故障检测

（1）故障现象

不识卡，即手机显示 "检查卡"，SIM 卡与 CPU 不能正常通信。

（2）故障分析与检测流程

1）首先采用阻值法，即测量 SIM 卡座对地阻值，利用万用表电阻档测量各个引脚对地电阻，与正常阻值进行比较。当阻值正常时，继续测量电压；如果某引脚阻值不正常，重点察看该引脚对应电路。

2）继续利用电压法测量分析。检修步骤参见 5.2.2。

任务三　键盘电路故障分析与检修

学习目标

◇ 理解键盘电路工作原理；

◇ 掌握键盘电路典型故障类型和故障现象；

◇ 能够运用键盘电路工作原理分析键盘电路故障；

◇ 掌握键盘电路的识图方法；

◇ 能够总结键盘电路故障分析方法。

工作任务

◇ 分析键盘电路工作过程；

◇ 分析检修键盘电路故障产生原因；

◇ 完成技能训练；

◇ 撰写测试报告。

5.3.1 键盘电路工作原理

键盘电路为一矩阵选择电路，一般每个按键都有三个触点，其中一个接地、另外两个触点分别由一上拉电阻接至手机内部电源（一般为 2.75V），同时连入手机的 CPU 中，每一个按键的这两个触点都可看成是行触点和列触点，按键铜箔的外圈一般为行，里圈一般为列。将行线路和列线路交叉排列，在每个交叉点上可以放置一个键，这样来自 CPU 的许多信号线就组成了一个矩阵，在待机状态下，按键两个触点分别置为高电平，当这个按键被按下时，两根信号线的电平同时被拉低，并触发产生按键中断请求信号，向 CPU 提出中断申请，CPU 转而执行按键检测程序，判断是哪一个按键被按下，从而实现了键盘输入功能。

L7 键盘电路按键矩阵图如图 5-21 所示。此按键矩阵使用两根 CPU 提供的列线 C0、C1 和八根行线 R0 ~ R7 组成 25 个节点，每个节点上安排一个按键，用于排列数字键和功能键。

键盘电路重要部件是键盘接口这一连接件，由于 L7 手机行列键盘铜箔按键没有安装在主板上，所以行列中断信号需要经过接口元件进行传输。J508 是键盘板和主板之间控制信号和中断请求信号传输接口，如图 5-22 所示。因为 CPU 键盘按键输入响应程序一直工作于扫描状态，检测行线和列线是否有电平跳变，因此行线也称为扫描输出端，列线称为输入端。

L7 键盘接口电路包括键盘按键矩阵、键盘接口 J508、CPU（U800）以及稳压管和电容，稳压管和电容的作用是保证正确的逻辑电平值，当电容短路就会造成手机按键错乱。键盘接口电路部分原理图如图 5-23 所示。

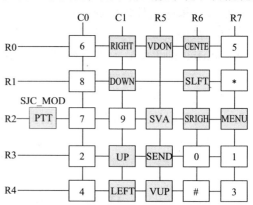

图 5-21　L7 键盘电路按键矩阵图

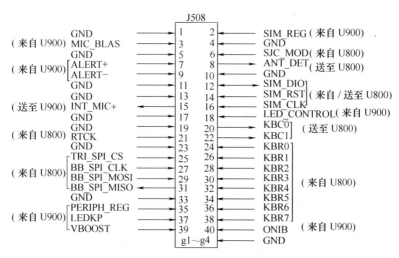

图 5-22　L7 手机键盘电路接口 J508

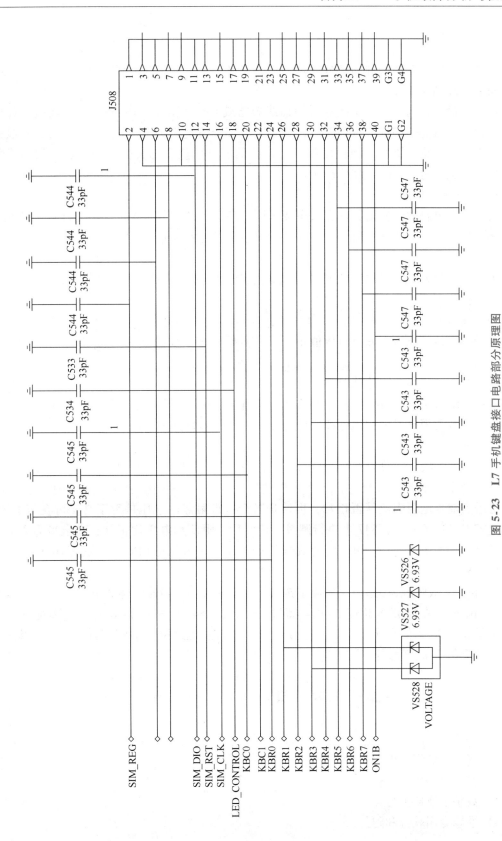

图 5-23 **L7** 手机键盘接口电路部分原理图

5.3.2 键盘电路故障分析

键盘电路常见故障表现为部分或全部按键失灵、键盘背景灯不亮等现象，通常可根据故障现象来大致判断故障原因。

如当键盘音长鸣，一般是键盘行扫描线短路或 CPU 损坏；如果按下任何按键，都显示同一个数字，可能是扫描线对地漏电；如果是一部分按键失灵（非同一扫描线），一般是由于软件出错，需重写资料。当使用某条扫描线的所有按键全部失灵时，可能是扫描线断或 CPU 损坏，大部分是 CPU 虚焊造成的。

1. 常用分析方法

对于键盘电路故障检测具体方法主要采用电阻法和电压法。当然首先要排除按键本身是否损坏、按键接口是否变形以及按键触片导电性是否变差等原因。

（1）电阻法

关机后测量各扫描线的对地电阻，电阻值应该相同，如果某一阻值偏大或偏小，需要进行具体分析和测量。

（2）电压法

测量扫描线的电压，如果电压值不正常，需要检查扫描线周围的元器件以及 CPU 相关引脚，如果是该引脚对地短路，需要摘下 CPU 后重新测量，如果没有短路，则要更换 CPU。

当这些方法不能排除故障时，则需要重新写入软件程序。

手机外形有翻盖、直板和滑盖等形式，键盘电路实现的方式也不尽相同，所以对于键盘电路故障来说要根据具体的机型和使用的元器件来具体分析。

2. 维修实例

1）例一：故障现象为 L7 手机按键失灵。检修步骤如下：

L7 手机键盘板和主板分离，J508 是板到板（Board to Board）键盘内联插座，首先检查各按键触点对地电阻阻值是否正常，再检查各个按键触点的电压是否正常，可在与 J508 相连的电容 C543、C545、C547 上进行测量，检测后，阻值和电压均正常，高电平为 2.775V。根据键盘扫描的工作原理，可判断此故障是 CPU 引起，可能是 CPU 虚焊或损坏。对 CPU 进行加焊后故障没有排出，更换 CPU 后故障排除。

2）例二：故障现象为 L7 手机数字按键 7、8、9 失灵。检修步骤如下：

利用电阻法在与 J508 相连的电容 C543、C545、C547 上测量 J508 各个引脚对地电阻阻值，引脚 26、28 阻值明显不正常，检查接口 J508，发现这两个引脚与其他引脚高度不同，重新更换 J508 后故障修复。

技能训练五　键盘电路故障检测维修

一、测试设备

1）移动通信直流电源 1 台。

2）数字万用表 1 台。

3）数字示波器 1 台。

4）维修专用软件和附件。

二、测试准备

1）运行 Radiocomm 维修软件。

2）L7 电路原理图和元器件布局图准备。

3）电源输出正确设置，其他仪器相关功能正常启用。

三、测试电路

键盘接口电路，见图 5-23。

四、测试内容与要求

按照测试程序完成测试内容，并撰写测试报告和填写故障检修任务单。

五、测试程序

1. 键盘电路电压和波形测试

1）测量各扫描线的对地电阻，电阻值应该相同，并记录阻值。

2）测量并记录扫描线的电压。

2. 键盘电路故障检测

（1）故障现象

1）部分或全部按键失灵。

2）键盘背景灯不亮。

3）键盘音长鸣。

（2）故障分析与检测流程

部分按键失灵故障检测流程如下所述，其他故障现象分析流程读者自行分析完成。

1）电阻法。选择万用表欧姆档测量按键接口 J508 KBR0 ~ KBR7、KBC0 ~ KBC1 对地电阻，并与正常阻值进行比较，判断每一引脚对地阻值是否正常，否则查找对应电路；如果阻值正常，继续测量电压。

2）电压法。利用万用表电压档测量 J508 KBR0 ~ KBR7、KBC0 ~ KBC1 扫描线的电压，也可在电容 C543、C545 和 C547 上测量，如果某一条扫描线电压值不正常，需要检查该扫描线周围的元器件以及 CPU 对应引脚，继续测量该扫描线引脚对地阻值，当阻值为 0 时，需要摘下 CPU 后重新测量，如果不再短路，则要更换 CPU，确认故障是否排除。

若上述方法不能排除故障，则需要重新写入软件程序，继续确认故障是否排除。

任务四　显示电路故障分析与检修

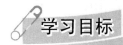 学习目标

◇ 理解显示电路工作原理；

◇ 掌握显示电路典型故障类型和故障现象；

◇ 掌握显示电路的识图方法；

◇ 能够运用显示电路工作原理分析显示电路故障；

◇ 能够总结显示电路故障分析方法。

![工作任务]

◇ 测试显示电路关键电压和信号波形；

◇ 分析检修显示电路故障；

◇ 完成技能训练；

◇ 撰写测试报告。

5.4.1 L7 手机显示电路工作原理

ATI（U2240）是 L7 手机的图形加速处理芯片，它是显示电路的核心，CPU 输出的用于显示的信号需要在 ATI 中进行转换后送到 LCD，才可实现画面显示。由于 LCD 与手机主板是分离的，所以需要利用显示接口部件（Display Connector）将 ATI 输出的显示数据送到 LCD 上。

L7 手机显示电路框图如图 5-24 所示。

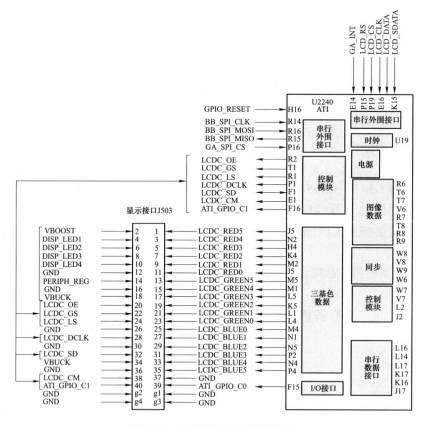

图 5-24 L7 手机显示电路框图

ATI 具体功能包括以下两方面：

1）显示信息的处理转换。接收来自主板 CPU 送出的显示信息，包括数据信息和控制信息，经过其内部控制（Control）模块和三基色数据（RGB Data）模块处理变成 LCD 的驱动信号。

2）显示信息输出。经过处理生成的 LCD 驱动信号输出至接口部件，该部件是一个 44 引脚连接接口，连接 LCD 驱动信号和 LCD 屏幕软缆，该接口也称为显示接口，编号为 J503，显示信息可在 LCD 屏幕上显示各种操作画面，包括普通图片、图像、图标和字符等。

显示接口还连接来自电源 IC（ATLAS）输出的背景灯驱动信号，用于点亮 LCD 背景灯。

U2240 正常工作是 LCD 显示的前提，U2240 的工作条件是电压、时钟和复位信号，尤其电压和时钟信号是 LCD 不显示故障的重点检查信号；其次，通过上述分析，可以看出，显示的数据和控制信息是否在 U2240 内部正确生成并被有效输出到接口部件，也会影响 LCD 能否正常显示。

当然，BB_SPI 总线故障也会造成手机不能正常显示。显示接口部件 J503 和 ATI 间与显示相关的引脚的描述见表 5-1。

表 5-1　显示接口部件 J503 和 ATI 间与显示相关的引脚的描述

引脚名称	引脚描述	引脚序号	引脚名称	引脚描述	引脚序号
LCDC_OE	输出使能	20	BB-SPI-MISO	QSPI 数据输出	R15
LCDC_GS	垂直同步	22	BB-SPI-MOSI	QSPI 数据输入	R16
LCDC_LS	水平同步	24	BB-SPI-CLK	QSPI 时钟	R14
LCDC_DCLK	LCD 时钟	28	GA-SPI-CS	QSPI 片选	P16
LCDC_SD	关闭	32	GPIO_RESET	ATI 复位	H16
LCDC_CM	彩色模式	38	GA-INT	中断	E14
LCD-CS	片选	P19	PERIPH_REG	2.75V	14
LCD-CLK	串行时钟输出	K16	ATI_GPIO_C0/C1	LCD 复位	39/40
LCD-SDATA	串行数据输出	K15	VBUCK	ATI 供电	34
LCD-RS	寄存器片选	P15			

在 L7 手机显示电路原理图中，CPU 与 ATI 之间的电路非常简单，主要是一些限流电阻和滤波电容，显示接口上与显示有关的信号包括直流电压和数据信号，对不显示故障的分析也是基于对这两部分信号相关电路的测量。

5.4.2　L7 手机显示电路故障分析

通过上述介绍可以看出，正常显示与多种因素有关，不同的故障原因造成的显示现象不同，一般来说显示故障根据显示现象分为显示异常、显示倒置、不显示等几种类型，无屏幕背景灯也属于不显示的范畴。

1. L7 手机显示电路故障种类及分析方法

不同显示故障的引起原因不同，在此根据不同的故障现象来进行故障原因的分析。

（1）显示异常

显示接口部件 J503 传输红绿蓝三基色，每种基色各有 6 条数据线，相邻两条数据线连焊会造成显示颜色不正常。另外，数据信号经四联电容（C535～C539）滤波，L7 手机主板上显示接口和四联电容位置如图 5-25 所示。显示异常故障的常用分析方法为：

1）用观察法目视检查显示接口 J503 红绿蓝三基色数据线有无 SS（连焊）、CS（冷焊），相应的接口内部触点有无变形。

2）利用万用表蜂鸣档在 J503 或四联电容（C535～C539）上测量显示颜色数据线（LCDC＿BLUE0～LCDC＿BLUE5、LCDC＿RED0～LCDC＿RED5、LCDC＿GREEN0～LCDC＿GREEN5），一支表笔放到第一根数据线上，另一支表笔从第二根数据线轻轻滑到最后一根数据线，如无短路再依次从第二根数据线开始测量。

3）如发现短路，先检查对应的四联电容（C535～C539），然后再考虑 U2240 是否连焊。

注：根据维修经验，一般为四联电容相邻引脚连焊。

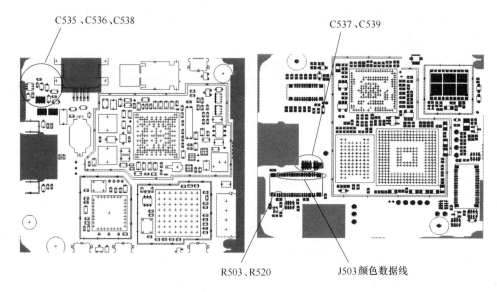

C535、C536、C538　　　　　　　　　C537、C539

R503、R520　　　　J503颜色数据线

图 5-25　L7 主板上显示接口和四联电容

（2）显示倒置

显示倒置由显示屏与主板不共地造成。常用分析方法为：

1）检查 J503 的 26 和 30 引脚是否冷焊（CS），内部触点是否变形。

2）检查零电阻 R503、R520 是否冷焊（CS）、错件（WP）。

（3）不显示

检查供电电压、CLK_32K_2.7V 时钟、显示控制线、显示接口、CPU 及 U2240 间的通信线路。常用分析方法为：

1）检查显示接口 J503 有无连焊/冷焊，接口内部有无异物及触点变形。

2）测量电压 GPIO_REG、GA_CORE、2.7V_REG 这三个电压典型值为 GPIO_REG = 1.28V，GA_CORE = 1.875 V，2.7V_REG = 2.775V。如果电压不正常则检查相应电压产生电路，直至电压正常。

3）在 R2283-1 上测量 CLK_32K_2.7V 时钟信号，如果没有时钟信号，检查 R2283 是否冷焊/损坏、U2240 是否连焊、U900 是否冷焊/损坏以及判别相应分立元器件如石英晶体和电容的性能。

4）显示控制及数据线检查。利用电阻法测量各种控制线对地电阻阻值，来大致判断 SPI 通信和 LCD 控制线路工作状况，具体方法是在 C541 的引脚 1~4 上测量 SPI 通信线的反向对地电阻（利用数字万用表的二极管测试档），正常值为 500Ω 左右。在 J503 上测量控制线及数据线（LCDC_OE/GS/LCDC_DCLK/SD/CM、ATI_GPIO_C1/C0）的反向对地电阻以及引脚间电阻以判断 U2240 的焊接质量，电阻应为几十千欧，如不正常一般为 U2240 连焊/冷焊。

电阻法测量方便，但是不一定能确定故障原因，还可利用示波器测量各种控制信号的波形，但是表 5-1 中与显示相关的引脚上的控制信号有些是在开机瞬间才能测到，有些则是始终能测量到，如：BB-SPI-MISO 是由 ATI 提供给 CPU 的数据信号，用示波器测量波形如图 5-26 所示。

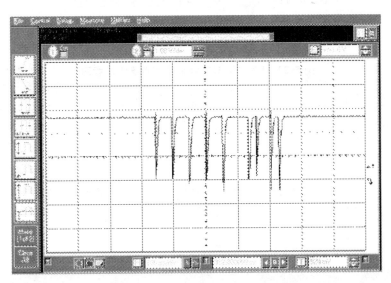

图 5-26　BB-SPI-MISO 信号波形

2. 维修举例

1）例一：故障现象为 LCD 不显示（1）。检修步骤如下：

首先测量供电电压 GPIO_REG、GA_CORE、2.7V_REG，电压值均正常；其次测量 CLK_32K_2.7V 时钟，未能测得此信号，摘下 R2283，在 PCB 上测量仍无信号，通过 Radiocomm 读得 CLK_32K_2.7V 时钟正常，证明该时钟产生电路正常，因此判断 U900 的 CLK_32K_2.7V 焊点虚焊，加助焊剂吹 U900 后故障排除。

2）例二：故障现象为 LCD 不显示（2）。检修步骤如下：

LCD 不显示，测量供电电压和时钟信号均正常，于是利用电阻法测量 C541_4（BB_SPI_MISO）对地只有 100Ω，进一步测量发现 R2252 对地短路，通过 X 光透视证实 U2240 底部焊盘连焊（BB_SPI_MISO 与地、2.7V_REG 与 LCD_DATA（2）），连焊位置如图 5-27 所示。

3）例三：故障现象为主显示屏背景灯不亮，但有开机画面。检修步骤如下：

摩托罗拉 V3 手机主显示屏背景灯供电电路如图 5-28 所示。

BL-SUPPLY 信号为背景灯 LED 提供 3.0V 的工作电压，背景灯典型消耗电流为 140mA，当有显示但背景灯不亮时，要检查 BL-SUPPLY 产生电路是否正常。

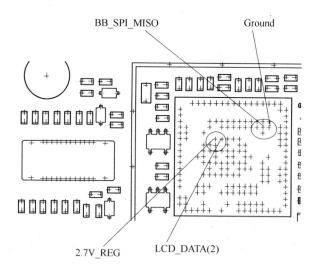

图 5-27 L7 主板 U2240 底部焊盘连焊示意图

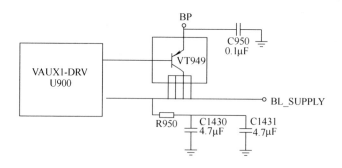

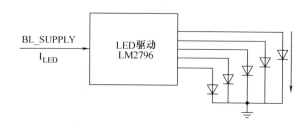

图 5-28 V3 手机主显示屏背景灯供电电路

测量 BL_SUPPLY 电压，发现电压值在 2V 和 3V 两值间来回跳动，按图 5-28 检查 BL_SUPPLY 电路，测量 VT949 的输入信号均正常，换掉 VT949 后，BL_SUPPLY 不再跳变，显示正常。

4）例四：故障现象为手机可以开机，但显示黑屏。检修步骤如下：

利用示波器测量 BB-SPI-MISO，和正常主板相比信号幅度明显变小，检查 BB-SPI-MISO 信号线上的限流电阻 R1403 为 4.85kΩ，正常值为 0Ω。换掉 R1403 后显示正常。

技能训练六　显示电路故障检测维修

一、测试设备

1）移动通信直流电源 1 台。

2）数字万用表 1 台。

3）数字示波器 1 台。

4）维修专用软件和附件。

二、测试准备

1）运行 Radiocomm 维修软件。

2）L7 电路原理图和元器件布局图准备。

3）电源输出正确设置，其他仪器相关功能正常启用。

三、测试电路

显示接口电路，见图 5-24。

四、测试内容与要求

按照测试程序完成测试内容，并撰写测试报告和填写故障检修任务单。

五、测试程序

1. 显示电路电压和波形测试

1）电压测量。分别在零电阻 R2280、R2241、R2242 上测量 GPIO_REG（1.28V）、GA_CORE（1.875V）、2.7V_REG（2.775V）。

2）检测时钟信号。在电阻 R2283 的 1 端测量 CLK_32K_2.7V 时钟。

2. 显示电路故障检测

（1）故障现象

故障现象有三种：不显示、显示异常和显示倒置。

（2）故障分析与检测流程

首先确认故障现象，根据故障现象按照故障分析流程进行检测。这里以不显示故障分析检测流程为例，为大家介绍如下检修步骤：

1）检查显示接口 J503 有无连焊/冷焊，接口内部有无异物及触点变形，如果有这些问题，需要进行处理或更换 J503。

2）测量电压，分别测量 GPIO_REG（1.28V）、GA_CORE（1.875V）、2.7V_REG（2.775V），如果电压不正常或者为零，检测相应元器件是否冷焊/损坏/错件，进行补焊或更换处理。

3）检测时钟信号 CLK_32K_2.7V（在 R2283 的 1 端），如果没有振荡信号，首先检查 R2283 是否冷焊/损坏，如果故障不能排除，利用 Radiocomm 读得 CLK_32K，即用软件读取 CLK_32K_2.7V 信号，如果信号能读取出，说明信号已产生，此时加入助焊剂利用热风枪重新加焊 U900 后重新测量 CLK_32K_2.7V 时钟信号，如果时钟信号仍然不正常，继续检测 U2240 是否连焊，可加入助焊剂利用热风枪重新加焊，如果故障不能排除需要更换 U2240；如果利用 Radiocomm 不能读得 CLK_32K，需要检测 U900 和外围时钟电路中的元器件是否冷焊/损坏，如果判断 U900 损坏后，要重新更换 U900，继续判断时钟信号是否正常，如果此信号已经正常，继续检测显示是否正常，一般此时故障已经排除。

4）对地电阻测试。当上述接口、电压和时钟数据都正常时，进行控制数据线的检测，方法如下：

① 在 C541 引脚 1～4 上测量 SPI 总线的反向对地电阻（利用数字万用表的欧姆档测量），正常值为 500Ω 左右。

② 在 J503 引脚 20/22/24/28/32/38 上测量控制及数据信号（LCDC_OE/GS/LCDC_DCLK/SD/CM、ATI_GPIO_C1/C0）的反向对地电阻以及引脚间电阻以判断 U2240 的焊接质量。正常阻值应为几十千欧，如不正常则 U2240 连焊/冷焊。

如果是显示颜色异常或显示倒置，主要检查接口 J503 以及显示数据线是否连焊，即短路，可参考前一任务的 L7 手机显示电路故障分析中的介绍，这里不再进行具体检测流程的说明。

任务五　照相电路故障分析与检修

学习目标

◇ 理解照相电路工作原理；
◇ 掌握照相电路典型故障类型和故障现象；
◇ 掌握照相电路的识图方法；
◇ 能够运用照相电路工作原理分析照相电路故障；
◇ 能够总结照相电路故障分析方法。

工作任务

◇ 分析照相电路工作过程；
◇ 测试照相电路关键信号电压和波形；
◇ 分析检修照相电路故障产生原因；
◇ 完成技能训练；
◇ 撰写测试报告。

5.5.1　L7 手机照相电路工作原理

照相电路工作原理比较简单，图像数据处理是照相电路的重要工作。照相功能的图像数据处理是由独立的图像加速处理集成电路 U2240 来完成，其在 CPU 的控制下，完成图像预览、拍照存储以及图像处理等功能。L7 手机照相接口电路如图 5-29 所示。

主要信号作用描述：

1. CPU 与 U2240 之间的信号

1）BB_SPI_CLK：时钟信号。

2）GA_SPI _CS：图像处理集成电路片选信号。

3）GA_INT：通信结束中断申请。

4）GPIO_RESET：复位信号。

2. U2240 与摄像头之间的信号

1）CAM_D0 ~ CAM_D7：数据信号。

2）CAM_CLK_IN：摄像电路工作同步时钟信号。

3）CA_CLK_OUT：摄像时钟周期信号。

4）CAM_SCL：I^2C 总线中控制时钟信号。

5）CAM_SDA：I^2C 总线中数据信号。

6）CAM_VSYNC：垂直方向同步信号。

7）CAM_HSYNC：水平方向同步信号。

8）CAM_RESET：复位信号。

5.5.2　L7 手机照相电路故障分析

1. 进入照相测试模式

主板加上摄像头，不用电池供电，而用扩展增强型 MINIUSB 接口加电，并进入"SUS-PEND"模式，在 TST_CAMERA 中选择"Start VGA Viewfinder"，单击 SET，应返回"00"。Radiocomm 照相模式参数设置如图 5-30 所示。手机照相功能正常时如图 5-30a 所示，手机照相功能不正常时如图 5-30b 所示。

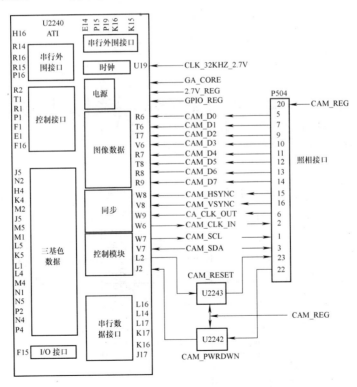

a) 接口电路框图

图 5-29　L7 手机照相接口电路

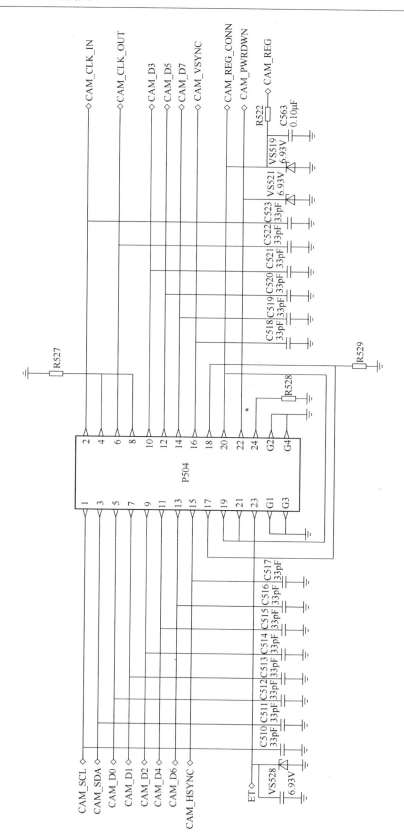

b) 接口电路图

图 5-29 L7 手机照相接口电路（续）

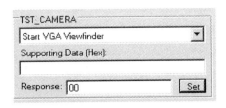
a）照相功能正常

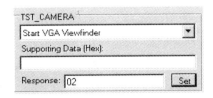
b）照相功能不正常

图 5-30　Radiocomm 照相模式参数设置

2．维修方法

1）检查照相接口电路 P504 内有无异物，触点有无变形，引脚有无冷焊/连焊。

2）测量 P504 各个引脚对地阻值，以判断 U2240 的焊接质量，其中除引脚 4、8、24 接地外，其余应为 40kΩ 左右。

3）进入照相测试模式，测量 CAM_REG（2.75V）、CAM_RESET（2.75V）、CAM_PWRDWN（0V）。无电压或电压不正常，检查 R522 冷焊/错件、U900 损坏的可能。

4）如果电压正常则要检查各个控制信号，如果不正常则依次检查 U2240、U2242、U2243、U800。

3．维修经验

最常见的问题为 P504 触点变形、U2240 冷焊/连焊/损坏、R522 冷焊。

注意事项：由于 U2240 的焊点较密，建议先用吸锡带把 PCB 上的焊盘吸干净后再放新件，否则容易造成连焊。

技能训练七　照相电路故障检测维修

一、测试设备

1）移动通信直流电源 1 台。

2）数字万用表 1 台。

3）数字示波器 1 台。

4）维修专用软件和附件。

二、测试准备

1）运行 Radiocomm 维修软件。

2）L7 电路原理图和元器件布局图准备。

3）电源输出正确设置，其他仪器相关功能正常启用。

三、测试电路

照相接口电路框图，见图 5-29。

四、测试内容与要求

按照测试程序完成测试内容，并撰写测试报告和填写故障检修任务单。

五、测试程序

（一）电路电压和阻值测试

1）电压测量。在电阻 R522 上测量 CAM_REG_CONN（2.75V）、电容 C561 上测量

CAM_RESET（2.75V）、VS521 上测量 CAM_PWRDWN（0V）。

2）对地阻值测量。在电容 C510～C517 和 C518～C523 上测量 P504 相关引脚对地电阻，正常阻值为 40kΩ。

（二）电路故障检测

1. 故障现象

照相电路的故障现象表现为不照相或者可以照相，但是图像为白色或有黑色的坏点或水纹。

2. 故障分析与检测流程

首先判断故障现象，根据故障现象按照故障分析流程进行检修。不照相故障分析检测流程如下：

1）进入照相测试模式进行故障确认，参考任务七中的描述。

2）故障检测流程：首先观察照相接口 P504 内有无异物，触点有无变形，引脚有无冷焊/连焊。其次测量 P504 各个引脚对地阻值，如果阻值不正常，则可能 U2240 冷焊/连焊，可以进行加焊处理或更换。

此时如果故障仍存在，要进行电压测量。重新进入照相测试模式，测量电压 CAM_REG_CONN（2.75V）、CAM_RESET（2.75V）、CAM_PWRDWN（0V）是否正常，如果不正常，继续检查 R522 是否冷焊/错件、U900 损坏。

如果上述测量结果均正常，继续检测控制信号是否正常，依次检查 U2240、U2242、U2243、U800。

任务六　不开机故障分析与检修

学习目标

◇ 理解 L7 手机开机过程；
◇ 掌握不开机故障判断和分析方法；
◇ 能够运用基带逻辑电路工作原理分析不开机故障；
◇ 能够总结不开机故障分析方法。

工作任务

◇ L7 手机基带逻辑电路图识图；
◇ 测试基带逻辑电路关键信号的电压和波形；
◇ 分析检修不开机故障产生原因；
◇ 完成技能训练并撰写测试报告。

5.6.1　L7 手机开机关键信号

L7 手机基带逻辑电路是手机的核心控制电路，简称基带电路，由中央处理器 CPU

（U800）、程序存储器 FLASH（U700）和数字信号处理器 DSP（与 CPU 集成在同一块独立的集成电路上）组成，L7 手机基带电路框图如图 5-31 所示（见书后插页），关于基带电路的电路模型和功能作用已经在项目三相关手机电路基本组成内容中有过介绍，这里不再重复。基带电源电路如图 5-31a 所示，基带逻辑电路如图 5-31b 所示。基带电路重要工作内容之一是实现手机开机操作，下面将介绍 L7 手机开机过程中的关键信号。

1. 开机触发信号

电池开机时，由键盘开/关机键提供开机触发信号；外部供电时，由 USB 接口自动识别该供电设备，自动产生开机触发信号，使手机开机。L7 手机采用低电平触发开机，开机请求信号产生电路见图 4-9a。

2. 供电

1）用电池或用 USB 连接器为手机供电，供电电压为 3.6 ~ 4.2V。

2）当此电压供给后，手机内部即产生 B + 电压，此电压为手机电源管理集成电路（ATLAS）提供供电，B + 电压产生电路原理图如图 5-32 所示。

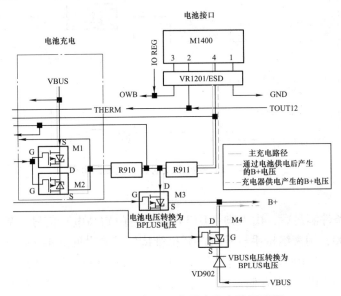

图 5-32　L7 手机 B + 电压产生电路原理图

当用电池供电时，电池正极的电压即 BATT + 通过 M1400 的引脚 4 输入后，分成两路：一路供给电源芯片 ATLAS，使其内部部分电路工作；另一路经过场效应晶体管 M3 产生 B +，该电压继续供给 ATLAS。当用 USB 连接器供电时，VBUS 也是分成两路：一路供给电源芯片；另一路经过场效应晶体管 M4 产生 B +。此两路不可同时导通，即 M3 导通时 M4 截止，M4 导通时 M3 截止，若两路同时存在则 VBUS 优先。不管使用哪一路供电，手机都将产生 B + 电压，有关充电过程这里不再作介绍。

B + 电压使 ATLAS 内部升压、降压和线性稳压模块开始工作，进而产生射频（RF）芯片、逻辑芯片以及各种功能外设等所需的工作电压，ATLAS 内部电压转换模块框图如图 5-33 所示。

3. 复位信号

ATLAS 为 CPU 提供复位信号，U900 低电平触发开机后产生的复位信号 RESETB 由引脚 E12 输出，送给 CPU，见图 4-9b。

4. 系统时钟信号

RF6025 得到供电后，与外接的 26MHz 石英晶体共同构成的晶体振荡电路开始工作，晶体 Y1201 振荡产生 26MHz 频率，该振荡信号进入中频芯片后经中频内部鉴相器完成与参考输入信号的比较，比较后输出时钟信号（频率为 13MHz）OSCO，为 CPU 提供系统时钟，即 OSCO 信号是 26MHz 频率信号经 RF6025 内部 2 分频后输出的，电路框图如图 5-34 所示。

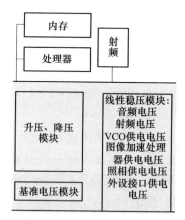

图 5-33　L7 ATLAS 内部
电压转换模块框图

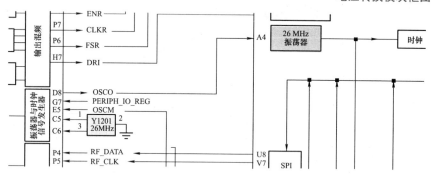

图 5-34　L7 手机系统时钟产生电路框图

5. 开机维持信号产生

当 CPU 工作条件满足后，由引脚（U13）输出看门狗高电平信号（WDOG），作为开机维持信号送至 U900，用来维持手机开机。开机维持信号输出见图 4-9c。

同时，CPU 会输出 RESET OUT 信号，对手机存储器进行复位，L7 手机内存接口框图如图 5-35 所示。最后 CPU 输出存储器使能信号，使存储器工作，并通过寻址、提取数据、发布指令的方式驱动手机软件，使手机成功登录网络，完成开机过程。

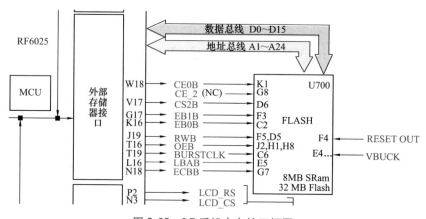

图 5-35　L7 手机内存接口框图

5.6.2　L7 手机不开机故障分析

本模块介绍 L7 手机不开机故障的分析方法，并提供具体维修实例。不开机的原因有多种情况，在实际操作过程中，常常通过观察手机消耗电流大小来区分手机的故障点，利用具备负载消耗电流显示功能的直流稳压电源为手机供电，观察手机消耗电流，根据电流值来确定排查范围。

1. 无电流不开机

该故障重点使用万用表检查 B + 电压。

加电后手机没有电流时，首先要想到的是供电问题，就像家用电器不工作时要先检查电源插头有没有接好一样，手机无电流时要先检查 B + 电压。

无电流的手机通常都是因为 B + 电压没产生。检修步骤如下：

1）万用表测量 M3 或 M4 的 G 极有没有高电平，若有高电平而 B + 电压没有产生，可以判断 M3 或 M4 损坏。

2）如果没有高电平则继续检查电池接口 BATT + 或 USB 接口，测量 VBUS 是否正常供给电源芯片，若供给正常，判断电源芯片损坏，不正常则一般是电池接口或 USB 接口损坏。

2. 小电流不开机

小电流不开机的情况较为常见，可大致分为三种情况。

（1）电流在 10mA 左右不开机

利用数字示波器测量时钟信号。小电流通常是时钟电路不正常引起的，时钟电路原理图参见图 4-12。检修过程如下：

测量时钟信号是否输入到 CPU，以此来判断故障点是 CPU 还是中频。当然，Y1201 损坏也有可能，但这种情况并不多见，同学们可以在实际操作中积累经验。

（2）电流在 20mA 左右不开机

利用万用表依次测量 ATLAS 输出的逻辑和射频电路工作电压。

此故障通常是供电电路不正常引起的，L7 手机的电源管理集成电路输出的负载电压名称及大小对应图如图 5-36 所示。

B + 进入电源管理芯片后，电源开始工作。内部线性调压器利用稳压器产生手机各负载的工作电压，同时芯片内部升压和降压模块分别和芯片外部分立元器件组成具体的升压（VBOOST）与降压（VBUCK）电路，负载电压均经过电容滤波后形成稳定纯净的直流电压，可以直接利用万用表或示波

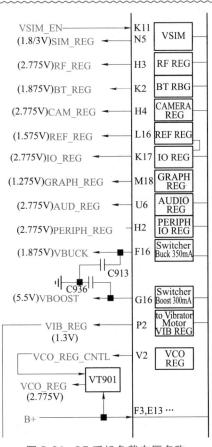

图 5-36　L7 手机负载电压名称
及大小对应图

器测量。检修步骤如下：

1）首先测量 VBOOST 或 VBUCK 电压，如果电压大小不正常，则依据电路原理图更换相关元器件或 ATLAS。

2）在电路原理图上依次查找图 5-36 所示各项电压，在主板相关电容上进行测量。

（3）电流在 20mA 至 30mA 不开机

利用万用表或示波器测量复位信号（RESETB）。

此故障与复位信号有关，重点排查复位信号产生电路，见图 4-9b。复位信号由电源输出，进入 CPU，若测量此信号不为高电平，则依次更换 ATLAS、CPU。

3. 电流正常不开机

这种情况一般是由软件造成的，即 CPU 完成前期工作后，对存储器发送指令或读取数据时出了错误，软件故障较常见，此时重新下载软件即可，在此不再介绍。但是，也可能是由硬件造成，具体分析如下：

CPU 在通过地址线读取寄存器地址及通过数据线读取数据之前，首先要输出复位、使能、片选、读写等信号，如果这些信号没产生，存储器就不会工作，此时造成的故障现象和由软件引起的故障现象是一样的。因此，通过测量这些信号可以判断 CPU 是否正常输出、存储器是否正常工作，以此来决定故障点。

4. 大电流不开机

大电流的故障处理起来比较繁琐，但并不困难。通常大电流是由电路上的负载短路造成的，因此只要找到短路的源头即可解决问题。前面已经讲过手机的供电电路，与开机相关的各个线性电压对地短路均可造成大电流。利用万用表的欧姆档检查各线性电压的对地阻值，小于正常值的那一路即是造成大电流的源头。如 REF_REG 电压对地短路，它的主要负载是 CPU，而产生它的是电源芯片，此外还有相关分立元件电容。按照电容、CPU、电源芯片的顺序依次将元件取下，当摘下某个元件后电流恢复正常时，即可判断是该元件损坏。

当然，实际操作中可能有的电路负载很多，究竟先摘哪一个，就需要借助操作人员平时积累的维修经验了。

技能训练八　　不开机故障检测维修

一、测试设备

1）移动通信直流电源 1 台。

2）数字万用表 1 台。

3）数字示波器 1 台。

4）维修专用软件和附件。

二、测试准备

1）运行 Radiocomm 维修软件。

2）L7 手机电路原理图和元器件布局图准备。

3）电源输出正确设置，其他仪器相关功能正常启用。

三、测试电路

L7 手机基带电路框图见图 5-31。

四、测试内容与要求

按照测试程序完成测试内容，并撰写测试报告和填写故障检修任务单。

五、测试程序

（一）基带电路开机过程中电压和波形测试

1）利用电源为手机主板开机，利用万用表测量电源输出的 VBUCK，测试点在 C913。

2）利用万用表检查电压 B＋：功放 U50 的供电电压 B＋的测试可通过电源 U900 的供电电压测试点 C935 获得。

3）利用万用表进行开机信号电压测试。接下开机键后，开机信号电压应由低电平跳到高电平（或由高电压跳到低电平），观察电压高低电平的变化。

4）利用万用表测量逻辑电源。IO_REG：测试点 C903；REF_REG：测试点 C904；RF_REG：测试点 C908；AUD_REG：测试点 C912。

5）利用万用表或示波器测量实时时钟 32KHz：测试点 R330。

6）利用示波器测量系统时钟 26MHz：测试点 C806。

7）利用万用表或示波器测量复位信号 RESETB，测试点 RESETB。

（二）不开机故障检测

通过观察手机消耗电流大小来区分手机的故障点。利用具备负载消耗电流显示功能的直流稳压电源为手机供电，观察手机消耗电流大小。

1. 故障现象

1）无电流不开机。

2）电流在 10mA 左右不开机。

3）电流在 20mA 左右不开机。

4）电流在 20mA 至 30mA 不开机。

5）电流正常不开机。

6）大电流不开机。

2. 故障分析与检测流程

观察消耗电流值，参考任务六中介绍的方法进行故障分析和检修。

任务七　接收电路故障分析与检修

学习目标

◇ 理解接收电路组成，理解接收电路工作原理；

◇ 掌握接收电路的识图方法；

◇ 能够运用接收电路工作原理分析接收故障；

◇ 掌握接收电路典型故障类型和故障现象；

◇ 能够总结接收电路故障分析方法。

工作任务

◇ 分析接收电路工作过程；

◇ 分析接收电路故障产生原因；

◇ 完成技能训练九；

◇ 撰写测试报告。

5.7.1 L7 手机接收电路工作原理

L7 手机射频部分包含 RF6025 收发信号处理合成器及 RF3178 功率放大器，支持 850MHz、900MHz、1800MHz 和 1900MHz 频段及 GPS/EDGE 无线接口标准，其中 RF6025 即中频处理器。L7 手机的接收电路和项目四任务三中介绍的一般 GSM 手机接收机工作原理非常相似，但其集成度更高，维修起来更方便。L7 手机接收/发射电路框图如图 5-37（见书后插页）所示。

信号首先通过天线或射频接口 J1050 进入手机，然后进入 U50 进行频段选通，U50 内部集成了一个天线开关，用于选通信号究竟走哪一个频段。U50 选通后输出该信号，进入 RF6025 即 U250。

U250 内部集成的功能模块见项目三任务二关于 L7 手机芯片组的相关介绍内容。

选通后的接收信号在 U250 内部依次进行滤波、低噪声放大、混频、增益、解调、A-D/D-A 转换后变为模拟基带信号（IQ 信号）输出至 CPU。

通过上述接收工作原理说明，可大致把 L7 的接收电路划分为三个节点。

1）节点一：信号进入选频开关前（RF3178 集成了天线开关电路）。在此先介绍手机信号的接收方式，手机信号的接收方式一般分为两种：一种是信号通过天线进入手机，平常用户使用手机都是这种方式；另一种是信号通过射频接口进入手机，此方式主要用于工厂测试。在信号进入选频开关之前，主要通过射频接口 J1050 的机械动作来决定信号的通道。插入射频线，即将 J1050 的机械开关压下，那么信号就通过射频线从射频接口输入；不插射频线，J1050 的机械开关断开，信号就通过天线耦合输入。

2）节点二：信号从 RF3178 输入，进入 RF6025 前。L7 手机是四频手机，接收到的信号是手机所处小区中基站当前发射的频段，如何进行接收频段选通取决于 RF3178 内部的天线开关的工作，接收频段选通电路如图 5-38 所示。

天线开关的工作由三个信号来控制：CNTRL1、CNTRL2、CNTRL3。RF6025 通过对这三个信号的电平高低的控制，来决定手机工作在什么状态，接收还是发射及接收发射的具体频段。图 5-38 左上角表格是这三个信号的真值表。

3）节点三：信号从 RF6025 输出后，进入 CPU 前。因为 RF6025 集成了大部分射频功能，接收的射频信号经频段选通后从 RF3178（U50）输出后送至 RF6025（U250），在 U250 内处理后输出数字基带信号送至 CPU 中的 DSP。由于 RF6025 集成度高，所以故障相对集中，有利于判断接收故障点。当然，L7 手机的高集成度也造成了测量的不便，两个芯片之间的信号没有测试点可供我们测量，因此我们只有测量 RF6025 外围的相关信号来判断此芯片是否正常工作，如时钟、供电等。

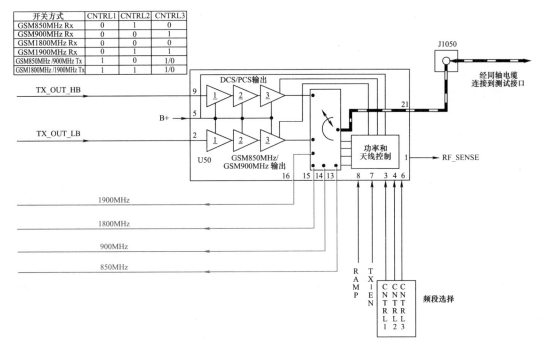

图 5-38 L7 手机接收频段选通电路

5.7.2 L7 手机接收电路故障分析

L7 手机接收电路故障主要有接收信号弱和无接收信号两种类型。

1. 无接收信号故障分析

L7 手机无接收信号是由接收通路故障引起的，对 L7 手机接收电路三个节点关键信号进行具体的分析和测量，进而来判断故障点落在哪个节点上。

1）判断手机无信号故障点是在选频开关前还是在选频开关后。信号首先进入 U50 进行频段选择，可以通过接收的两种方式（通过天线或射频接口 J1050 进入手机）分别进行测量，如果两种方式均无信号，则故障点在选频开关后；如一种方式正常，另一种方式无信号，则故障点在选频开关前。

举例分析：L7 手机主板无信号，但插入射频头后信号正常，检查天线匹配电路也正常。随后发现射频接口内簧片老化，已经失去弹性，压下后不能复位，因此手机始终默认为射频线输入模式，信号未通过天线，因此无信号，更换 J1050 后故障排除。

2）判断 RF3178 工作是否正常，RF6025 输出是否正常。通过对接收频段选择的控制信号 CNTR1、CNTR2、CNTR3 的测量来进行判断。

举例分析：手机无信号，通过软件设置手机为 900MHz 接收状态，测量 CNTR3 为低电平，正常为高电平，此信号工作不正常。但不知道是 RF6025 输出不正常还是 RF3178 损坏才将其拉低，因此先摘掉 RF3178，再测量此信号，发现仍为低电平，则可判断 RF6025 未输出。更换 RF6025 后此故障排除。

3）判断信号从 RF6025 输出，进入 CPU 前是否正常。由于测量手段有限且手机集成度相对较高，因此只要排除了 RF6025 之前的故障并确定供电正常，就可以直接更换 RF6025

了。如果更换无效，可以判断是 CPU 故障。

举例分析：手机无信号，通过软件设置手机为 900MHz 接收状态，测量接收信号输入 RF6025 正常，且 RF6025 供电（三个电压 VCO_REG、RF_REG、PERIPH_IO_REG）均正常，采用替换法更换 RF6025 后故障排除。

以上是 L7 手机无信号故障的分析方法，此故障不便于测量，但维修起来很简单，经过简单测量后可采取排除法和元器件替换法来进行维修。另外在实际操作过程中应注意观察阻容元件有没有连焊、虚焊、缺件等现象，观察法也是手机维修必要的方法。

2. 接收信号弱故障分析

手机有信号但强度弱，此种故障一般是由于手机的接收通路中某一环节衰减大造成的，比如滤波器衰减大、放大器放大幅度不够、天线开关损坏或元器件虚焊，在实际测试过程中应重点注意这几方面。

L7 手机接收的信号经过射频接口后有一个电感 L1056 可以作为测试点，例如将信号源发射频率设置为 947.4MHz 即 62 信道，此时信号源输出固定的频率 947.4MHz，当把手机设置为接收状态时，此信号通过射频接口 J1050 后进入 U50 天线开关，L1056 就在这两者之间，如图 5-39 所示。

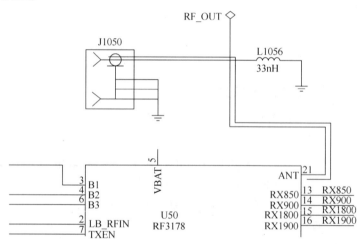

图 5-39　L7 手机天线接口电路图

在 L1056 处检测 947.4MHz 信号的幅度，此处测量的信号幅度应与信号源输出的幅度一致，如果幅度小于信号源输出的幅度，则可判断 L1056 故障（注意：观察信号幅度时应减去射频线损耗）。

另外，天线开关集成在 U50（RF3178）里面，此元件损坏也会造成衰减过大。可用频谱仪测量 R1060 处经 U50 输出后的 947.4 MHz 信号的功率谱，L7 手机 U50 天线开关输出电路如图 5-40 所示。

观察此处信号幅度时可与正常主板做比较，如幅度小于正常值，则判断 U50 故障。

L7 手机的滤波器及放大器都集成在 U250（RF6025）中，如以上信号测试均正常且元器件无虚焊现象，即可判断 U250 故障。

信号弱的故障分析方法与无信号的思路大致相同，只是观察时侧重点不同。无信号的故障不仅要测量各节点的信号，也要测量相关控制信号；而信号弱的故障则重点观察信号在各

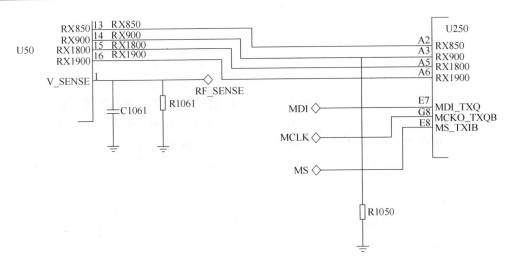

图 5-40　L7 手机 U50 天线开关输出电路

个节点上的幅度大小。只要掌握了接收通路的工作原理，与接收相关的问题即可迎刃而解。

技能训练九　接收电路故障检测维修

一、测试设备

1）移动通信直流电源 1 台。

2）数字万用表 1 台。

3）数字示波器 1 台。

4）频谱分析仪 1 台。

5）无线射频通信测试仪（HP8960）。

6）维修专用软件和附件。

二、测试准备

1）运行 Radiocomm 维修软件。

2）L7 手机电路原理图和元器件布局图准备。

3）电源输出正确设置，其他仪器相关功能正常启用。

三、测试电路

L7 手机接收电路，见图 5-37。

四、测试内容与要求

按照测试程序完成测试内容，并撰写测试报告和填写故障检修任务单。

五、测试程序

（一）接收电路电压和波形测试

1）测量电压：VCO_REG、RF_REG、PERIPH_IO_REG，大小为 2.775V。

2）射频信号源发射频段、信道和功率设置：GSM900MHz、62 信道、-30dBm，此时信号源输出中心频率为 947.4MHz、功率值为 -30dBm 的射频信号。

3）利用射频线连接射频信号源信号输入输出端（RF IN/OUT）和手机主板射频天线接

口，将947.4MHz的射频信号送入主板中的天线开关（在U50内）。

4）为手机主板加电，利用Radiocomm软件设置主板为接收状态，接收频段和信道与信号源设置相同。此时，信号源输出的947.4MHz的射频信号送至手机天线开关U50中，在其内部开始对该射频信号频段进行选通处理。

5）利用频谱分析仪在L1056处测量947.4MHz信号的幅度，测量的实际值与信号源输出的幅度应一致，注意接收信号的实际值为测量值加上射频线的损耗，记录此数据。

6）继续在电阻R1060处检测U50输出后的947.4MHz信号的幅值，记录此数值，将上步中的测量值和该值进行比较，差值即为天线开关U50的损耗。

（二）接收常见故障检测

1. 故障现象

接收电路故障种类和现象有多种，这里只将接收电路的故障种类分成两种情况，即无信号和接收信号弱。

2. 故障分析与检测流程

首先确定接收故障种类，根据不同故障现象采取不同的分析检测流程。

（1）无信号故障检测分析流程

1）判断手机无信号故障点是在选频开关前还是在选频开关后。将射频信号源输出GSM900MHz频段、62信道的947.4MHz射频信号，用射频线注入手机主板天线射频接口J1050，利用Radiocomm设置手机为接收状态，在L1056处测量947.4MHz信号的幅度，如果正常，重点检查天线接口并更换，如果故障不能排除，需要继续按照下列步骤进行检测。

2）判断RF3178工作是否正常，RF6025输出是否正常。利用Radiocomm设置手机为900MHz频段接收状态，利用万用表测量CNTR1、CNTR2、CNTR3电平，正常值为低电平、低电平和高电平，如果信号中有一路或均不正常，摘下RF3178后重新测量。重新测量后三路信号如果正常，判断RF3178损坏，更换RF3178后重新测量三路控制信号，确认是否正常产生。如果摘下RF3178后这些控制信号仍不正常，需要更换RF6025。

3）判断故障是否排除，如果故障仍然存在，继续测量并判断信号从RF6025输出，进入CPU前是否正常；测量电压VCO_REG、RF_REG、PERIPH_IO_REG是否正常，如果不正常，检查电压的产生电路，如果电压正常，更换RF6025，确认故障是否排除，否则更换CPU。

（2）接收信号弱检测

根据无信号故障的检测分析流程进行相关参数设置，在电阻R1060处检测U50输出的947.4MHz信号，与正常值进行比较，如果衰减过大，更换U50（RF3178），确认故障是否排除，否则更换U250（RF6025），如果故障仍然不能排除则需要更换CPU。

任务八　发射电路故障分析与检修

 学习目标

◇ 能够运用发射电路工作原理分析发射故障；

◇ 掌握典型发射故障类型和故障现象；

◇ 能够总结发射故障分析方法。

工作任务

◇ 分析发射故障产生原因；
◇ 完成技能训练十；
◇ 撰写测试报告。

不发射故障是手机发射电路的常见故障，想要维修发射故障，首先就要了解手机的发射原理和流程。GSM 手机的一般发射原理在项目四任务三中进行了介绍，L7 手机的发射电路基本工作原理与之相似，本节内容重点介绍 L7 手机发射电路相关故障分析。

5.8.1　L7 手机发射流程

L7 发射电路框图如图 5-37 所示。语音信号经过 A-D、D-A 转换后变为模拟基带信号，由 CPU 输出进入 U250，在其内部进行调制、反馈、锁相、前级激励放大后输出至 U50。U50 对调制后的高频信号进行功率放大和功率控制，然后经过 J1050 或天线输出。

5.8.2　L7 手机发射故障分析

L7 手机不发射主要是高频信号未输出，因此可以通过测试发射信号输出的频率和功率来快速找出故障点。下面以测试手机进行 GSM 900MHz 频段发射为例来介绍，此时要利用 Radiocomm 来设置手机处于发射工作状态。

1. 发射状态设置

手机开机进入测试状态，选择 GSM900 MHz，信道设为 37，功率级设为 15，单击"ON"，将手机置于发射状态。

2. 测发射信号频谱

用频谱仪测天线接口 J1050 处发射信号频谱是否正常，发射信号频率理论值为 897.4MHz、功率理论值为 13dBm 左右，根据测量结果判断故障。

1）如果无发射信号输出，基本可以判断故障点应该是在 U50 的前级。首先应从公共部分入手，即判断 U250、CPU、U900 是否工作正常，这时重点排查这三个 IC 的工作电压和 CPU 的两个 IC（U250、U50）之间的控制信号，在测试状态下依次测量：

① U250 的工作电压：PERIPH_IO_REG = 2.775V、VCO_REG = 2.775V、RF_REG = 2.775V，这三个电压是由 ATLAS 产生的，如图 5-41 所示。

② CPU 输出到 U250 以及 U50 输出到 CPU 的控制信号：TX_START、RX_ANT_EN、RF_SENSE，如图 5-42 所示。

③ U900 输出的负载电压：VBUCK、VBOOST，如图 5-43 所示。

通过这些电压与信号的测试可以迅速判断故障点。

例如：VCO_REG 电压由 U900 输出，供给

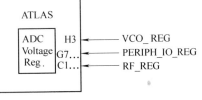

图 5-41　ATLAS 输出的 U250 工作电压

157

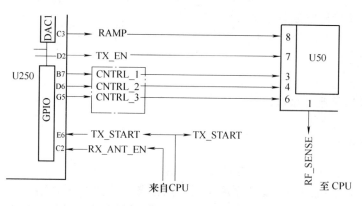

图 5-42　CPU 控制信号

U250 内部的压控振荡器。如果此电压工作不正常，压控振荡器肯定也不会正常工作，一般
情况下更换 U900 即可。如果此电压对地阻值小，
也有可能是其负载 U250 损坏造成，那么需摘掉
U250 再测试其对地电阻。如果电压恢复正常，
则更换 U250；若还不正常，则更换 U900。

如果供电与控制信号均正常，则可判断
U250 损坏，更换 U250 即可。

2）如果有 897.4MHz 信号，但功率偏高或
偏低，这时就与功放 IC 自身以及 U900 提供给它
的工作电压和控制信号有关。

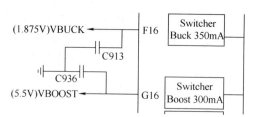

图 5-43　U900 输出的负载
电压 VBUCK、VBOOST

① 测试 U50 的工作电压，在 C1050 处测 PA_B +（正常值为 4.0V），如果此电压不正
常，U50 不工作，输出功率就会偏低；

② 测试 U50 的控制信号，在 C1058、C1056、C1061 处用示波器依次测试 TX_EN、
RAMP、RF_SENSE，如图 5-44 所示。

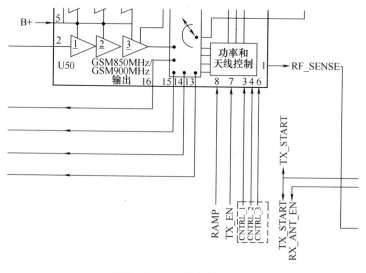

图 5-44　U50 的各控制信号

　TX_EN：CPU输出的使能信号；RAMP：U250输出的功率控制电压；RF_SENSE：U50输出至CPU的反馈信号，CPU由此判断功率大小，并通过U250输出的RAMP来对功率进行控制。

技能训练十　发射电路故障检测维修

一、测试设备

1）移动通信直流电源1台。

2）数字示波器1台。

3）频谱分析仪。

4）无线射频通信测试仪（HP8960）。

5）维修专用软件和附件。

二、测试准备

1）运行Radiocomm维修软件；

2）L7手机电路原理图和元器件布局图准备；

3）电源输出正确设置，其他仪器相关功能正常启用。

三、测试电路

L7手机发射电路，见图5-37。

四、测试内容与要求

按照测试程序完成测试内容，并撰写测试报告和填写故障检修任务单。

五、测试程序

1. 发射电路电压和波形测量

（1）电压测量

测量电压VCO_REG、RF_REG、PERIPH_IO_REG，大小均为2.775V。

（2）控制信号测量

启动主板，使其处于发射状态，测量如下两个控制信号波形并记录幅值：

1）在C1058处测量发射使能信号TX_EN，正常波形为峰-峰值电压（U_{p-p}）是2.8V的脉冲。

2）在C1056点测试发射功率控制信号RAMP，正常波形为脉冲的叠加。

2. 发射常见故障检测

（1）故障现象

发射电路故障种类和现象有多种，一般发射电路的故障种类分成两种情况，即无发射和发射功率低，这两类故障分析流程相似。

（2）故障分析与检测流程

首先确定发射故障种类，根据不同故障现象采取不同的分析检测流程。

1）测量电压：VCO_REG、RF_REG、PERIPH_IO_REG，大小均为2.775V。

2）为手机主板加电，利用Radiocomm软件控制手机主板进行发射（功率等级为15），发射频率为902MHz，此时观察外部供电电源表的电流指示，应该有明显的提升。

3）利用频谱分析仪在天线接口J1050处测量902MHz信号的发射功率，判断功率是否正常，如果有信号，但功率值偏低，则转入第 5 步检测。

4）如果功率不正常，测量 U250、CPU、U900 工作电压和控制信号是否正常，具体步骤如下：

① 工作电压测量。测量 U250 工作电压 PERIPH_REG、VCO_REG、RF_REG，三个电压值均为 2.775V，测量 U900 输出电压 VBUCK（1.875V）、VBOOST（5.6V），如果电压不正常，需要检查与这些电压相关的元器件，最后需要更换 U900，如果故障不能排除，继续控制信号的测量。

② 控制信号测量。测量 CPU 输出的 TX_START、RX_ANT_EN 信号波形，如果信号波形不正常，更换 CPU，继续确认故障是否排除；如果 U250 工作电压和控制信号波形都正常，更换 U250。

5）测量 U50 的工作电压是否正常，即在 C1050 处测 PA_B + 是否为 4.0V；启动发射状态，在 C1058、C1056、C1061 处测量 TX_EN、RAMP 和 RF_SENSE 是否正常。如果不正常，检测这些信号的相关电路，最后进行故障是否排除确认。

习题五

1. 使用 L7 手机拨打电话时，电话接通，但对方听不到声音，推断手机的哪部分有可能出现了故障。应如何检修？

2. L7 手机 USB 电路如何识别不同功能外设？USB 电路如何进行耳机识别？

3. L7 SIM 卡故障的分析方法主要有哪几种？简单描述不识卡故障检修步骤。

4. 键盘电路常见故障现象有哪些？L7 手机的键盘背景灯不亮，说明手机的哪一部分出现了故障？检修的方法是什么？

5. 简单描述部分按键失灵故障的检修流程。

6. L7 手机显示故障常见现象有哪几种？主要维修方法有哪些？

7. U2240 与显示相关的信号主要有哪些？怎样快速有效地判断 U2240 的焊接质量？

8. 不开机故障的主要故障现象有哪些？通常如何确定不开机故障的分析方法？

9. L7 手机如何实现四频频段的选通？

10. 造成 L7 手机有信号但强度弱的原因是什么？

11. 绘制 L7 手机发射功率低的故障维修流程图。

项目六

Morrison手机电路

学习目标

◇ 理解 Morrison 手机电路组成和工作原理；
◇ 掌握 Morrison 手机电路图识图方法；
◇ 能够运用 Morrison 手机电路工作原理分析电路故障。

工作任务

◇ 了解 Morrison 手机组装方法；
◇ 了解 Morrison 手机硬件结构组成；
◇ 掌握 Morrison 手机电路图识图方法；
◇ 能运用 Morrison 手机电路原理进行故障分析。

任务一 Morrison 手机介绍

学习目标

◇ 认识 Morrison 手机；
◇ 了解 Morrison 手机组成。

工作任务

◇ 了解 Morrison 手机组装方法；
◇ 了解 Morrison 手机硬件结构组成。

6.1.1 Morrison 手机简介

Morrison 是摩托罗拉于 2009 年主推的安卓平台的主要产品。这是一款支持双模制式

（GSM/WCDMA）的 3G 智能商务手机，采用侧滑盖的造型设计，配备全键盘，拥有主频高达 528MHz 的处理器，RAM 内存容量为 256MB。Morrison 在摄像拍照方面十分突出，内置 HVGA（320×480 像素）屏幕，配有 500 万像素摄像头，支持自动对焦；另外，Morrison 支持 GPS 全球定位导航系统，支持 3.5mm 标准插口。Morrison 手机外观如图 6-1 所示。

图 6-1　摩托罗拉 Morrison 手机外观

Morrison 手机射频工作频段支持 2G：GSM850/900/1800/1900MHz 和 3G：WCDMA900/1700/2100MHz，支持蓝牙、GPS、WiFi 数据传输业务。触摸屏采用多点触控技术，内置重力感应器、加速计、光线传感器和电子指南针等硬件装置，使得手机操作更加人性化，功能更加丰富强大。

6.1.2　Morrison 手机外观结构

Morrison 手机在结构上主要由 Slider Housing、Base Housing 和后盖组成，Slider Housing 与 Base Housing 构成了前盖。

Slider Housing 主要包括液晶显示器、触摸屏、滑盖 PCB、送话器、Proximity 传感器和灯等。Base Housing 主要包括键盘板、扬声器、摄像头和侧键等。Morrison 键盘板正面如图 6-2 所示，键盘板反面如图 6-3 所示。

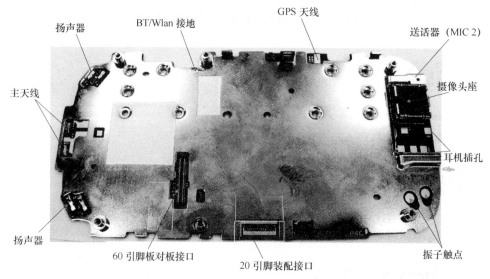

图 6-2　Morrison 键盘板正面

图 6-3　Morrison 键盘板反面

　　后盖主要包括耳机插孔、振子、扬声器和软缆及天线等部件，如图 6-4a 所示，Morrison 前后盖组装如图 6-4b 所示。主板夹在前、后盖之间，各单元间通过软缆连接，Morrison 主板如图 6-5 所示。

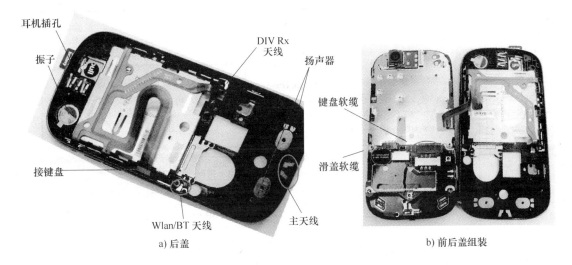

a) 后盖　　　　　　　　　　　　　　　　　b) 前后盖组装

图 6-4　Morrison 组装

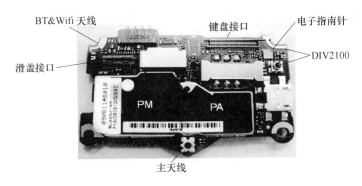

图 6-5　Morrison 主板

6.1.3 Morrison 手机电路组成

Morrison 手机电路组成框图如图 6-6 所示，其主要由主板、键盘板、滑板三部分电路组成，这三部分电路从功能上主要包括用户接口（CIT）电路和射频（RF）电路。电路的详细介绍见本项目任务二 Morrison 手机电路分析的内容。

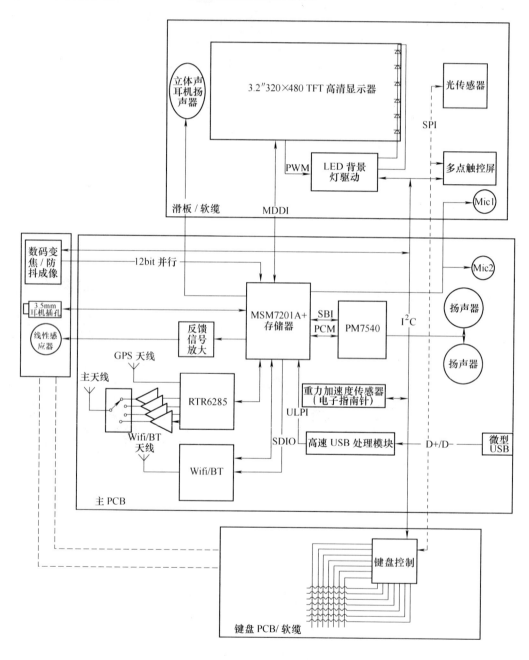

图 6-6　Morrison 手机电路组成框图

任务二　Morrison 手机电路分析

学习目标

◇ 理解 Morrison 手机电路组成和工作原理；
◇ 掌握 Morrison 手机电路图识图方法。

工作任务

◇ 能运用 Morrison 手机电路原理进行故障分析；
◇ 掌握 Morrison 手机电路图识图方法。

这里我们将介绍 Morrison 手机的 CIT（用户接口）电路和射频电路两大部分。

6.2.1　Morrison CIT 电路

1. 充电电路

Morrison 的充电电路与其他高通的产品一样，充电电压从 EMU 接口的 EMU_VBUS 进入手机，经 VT3803、R3802、VT3000 给电池充电，电路原理图如图 6-7 所示。

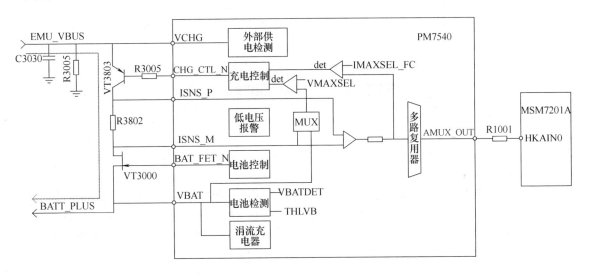

图 6-7　充电电路原理图

PM7540 分别通过 VCHG 和 VBAT 引脚检测充电电压和电池电压是否存在。充电时，PM7540 输出 VT3803、VT3000 的控制信号 CHG_CTL_N、BAT_FET_N，使之都为低电平，控制 VT3803 和 VT3000 处于导通的状态，使充电通路打开，EMU_VBUS 为电池充电。

R3802 是一个 0.1Ω 的电阻，流经 R3802 上的充电电流会在 R3802 上产生电压降，R3802 两端的电压分别由 ISNS_P、ISNS_M 引脚进入 PM7540，在 PM7540 内部测量 R3802

上的电压，该电压再经 AMUX_OUT 引脚输出，经 R1001 进入 MSM7201A，做 A-D 转换后得到 R3802 电压的数字量。

2. 显示电路

Morrison 的显示芯片与 LCD 集成在一个组件里，与主板 CPU 之间的通信是通过 MDDI（Mobile Display Digital Interface）总线连接的。MDDI 总线包括 4 个信号，分别是选通脉冲信号（Strobe）MSP、MSN 和数据信号 MDP、MDN。显示电路原理图如图 6-8 所示。

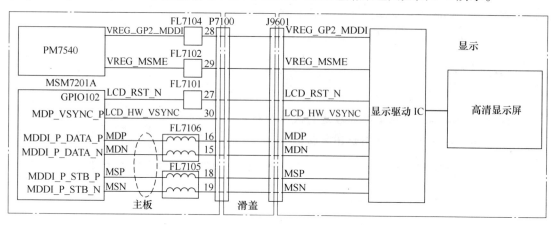

图 6-8　显示电路原理图

MSP、MSN、MDP、MDN 分别经 FL7105、FL7106 滤波后，经连接器 P7100 的 18、19、16、15 脚和滑盖的 J9601 连接到显示驱动芯片，再连接到 LCD。

CPU 发出的 LCD_RST_N 信号经 FL7101 滤波后，经 P7100 的 27 脚、滑盖的 J9601 连接到显示驱动芯片，作为显示驱动芯片的复位信号。CPU 输出的 LCD_HW_VSYNC 经 P7100 的 30 脚、滑盖的 J9601 连接到显示驱动芯片，作为显示同步信号。

显示相关的供电电源分别是 VREG_MSME 和 VREG_GP2_MDDI。

3. 触摸屏电路

在滑盖上有一个微处理器 ATMEGA324P（U9800），专门用于触摸屏的信号处理，ATMEGA324P 内部集成了 32KB 的 Flash、1KB 的 EEPROM 和 2KB 的 RAM，触摸屏电路原理图如图 6-9 所示。

ATMEGA324P 有 4 个外部接口 PA、PB、PC 和 PD，全部都是双向口。Morrison 中，PD 口输出的 X0 ~ X7 信号作为驱动信号，连接到 PC 口和 PA 口的 Y0 ~ Y5 作为检测信号。

ATMEGA324P 通过 I^2C 总线与主板 CPU（MSM7201A）通信。开机时如果 ATMEGA324P 内部 Flash 是空的，MSM7201A 将利用 I^2C 总线向 ATMEGA324P 写入触摸屏的相关程序。

如果 ATMEGA324P 检测到有触摸信号，它将通过 TOUCH_INT 向 MSM7201A 发出中断信号，MSM7201A 将通过 I^2C 总线读取触摸信息。

TOUCH_RESET 是 MSM7201A 给 ATMEGA324P 的复位信号。

ATMEGA324P 有独立的时钟电路，外接晶振就可以产生振荡输出。

ATMEGA324P 的供电电源是 VREG_MSMP，是经电压 B_PLUS 产生转换的。

4. 照相电路

照相电路主要是 CPU 通过与摄像头之间的数据线、控制线以及同步信号等，来实现

CPU 对摄像头的控制和数据传输的，照相电路原理图如图6-10所示。

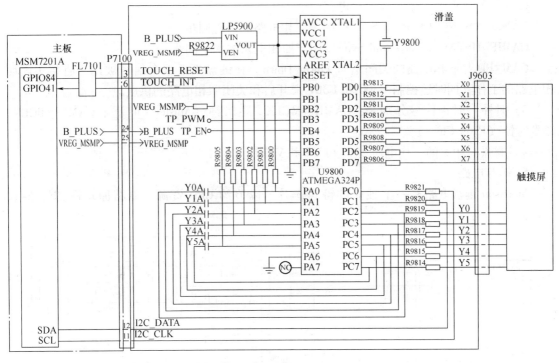

图 6-9　触摸屏电路原理图

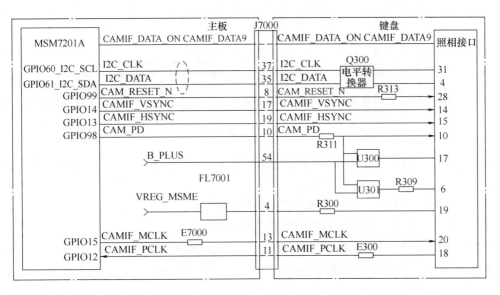

图 6-10　照相电路原理图

1）数据线。Morrison 采用了 500 万像素的摄像头，由于像素高，要求的传输速率高，所以照相电路与 CPU 之间的数据传输采用了 10 根并行数据总线，分别是 CAMIF_DATA0 ~ CAMIF_DATA9。

2）控制线。CPU 通过 I²C 总线控制照相电路工作状态，I²C 总线由 I2C_CLK 和 I2C_

DATA 组成。具体的控制信号包括如下几种：

CAM_RESET_N 用于复位照相电路。

CAMIF_VSYNC（Vertical Sync）用于照相电路的垂直同步。

CAMIF_HSYNC（Horizontal Sync）用于照相电路的水平同步。

CAM_PD 是照相电路的关闭信号 Power Down。在键盘板上这个信号被用于直接关闭照相电路的工作，同时还控制 U300 和 U301 来开启和关闭照相电路的供电。

3）时钟。时钟信号分别是：CAMIF_MCLK，主时钟（Master Clock）；CAMIF_PCLK，像素时钟（Pixel Clock）。

4）电源。相关的工作电压为 B_PLUS 和 VREG_MSME。

5. 键盘电路

Morrison 键盘电路有一个独立的键盘芯片，以节约 CPU 资源，电路原理图如图 6-11 所示。

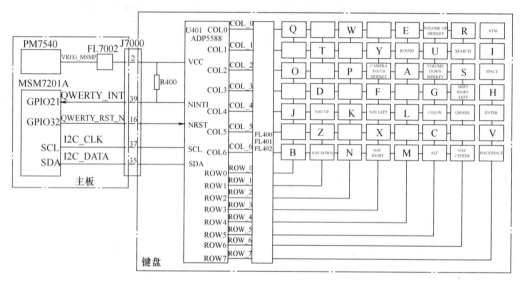

图 6-11　键盘电路

键盘芯片是亚德诺半导体有限公司的 ADP5588，ADP5588 与 CPU 之间有 4 个信号线，分别是：

1）QWERTY_RST_N：CPU 给 ADP5588 的复位信号。

2）QWERTY_INT：ADP5588 给 CPU 的中断信号。

3）I2C_CLK 和 I2C_DATA：ADP5588 与 CPU 通信的 I^2C 总线。

Morrison 使用了 ADP5588 的 8 个 ROW 信号（ROW0～ROW7）和 7 个 COL 信号（COL0～COL6）作为键盘矩阵的行和列信号，它们经过 3 个滤波器 FL400、FL401、FL402 连接到键盘。当按键按下时，ADP5588 会产生中断信号送给 CPU，CPU 响应后 ADP5588 通过 I^2C 总线将按键信息通知 CPU。

在图 6-11 中的三个功能键 CAMERA FOCUS、VOLUME UP、VOLUME DOWN 是侧键，另外还有一个侧键是开机键，通过软缆上的 R12005、键盘板上的 J400-9、主板上的 J7000-41 连接到 PM7540 的 KPD_PWR_N，当开机键被按下时 POWER_KEY 信号被接地，PM7540 就会以此开机，开机键电路如图 6-12 所示。

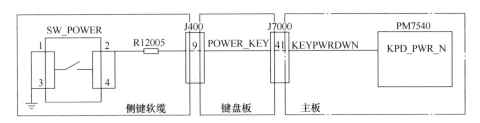

图 6-12　开机键电路

ADP5588 的工作电源是来自主板 J7000-2 的 VREG_MSMP，这个电压同时为中断信号 QWERTY_INT 提供上拉电压。

另外，Morrison 前面板上有三个按键，分别是 SELECT、HOME 和 BACK 键。这三个按键信号的处理不是由键盘芯片 ADP5588 完成的，而是由 MSM7201A 完成的，前面板按键电路如图 6-13 所示。

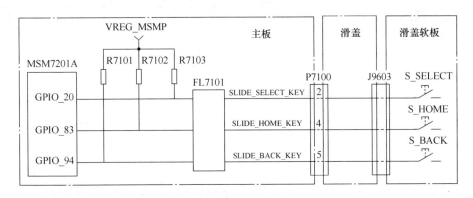

图 6-13　前面板按键电路

三个按键的信号分别来自 MSM7201A 的三个 GPIO 口：GPIO_20（SELECT）、GPIO_83（HOME）和 GPIO_94（BACK）。

平时三个信号都是高电平，当某个按键被按下时信号就被接地，使电平变为 0V，MSM7201A 就会做出响应。

6. SIM 卡电路

SIM 卡的电路是由 SIM 卡座 M6000、电源管理芯片 PM7540 和中央处理器 MSM7201A 组成的。SIM 卡主要有三个信号：时钟信号 PM_USIM_CLK、复位信号 PM_USIM_RST 和数据线信号 PM_USIM_DATA，电路原理图如图 6-14 所示。

时钟信号来自 CPU，经 PM7540、R6010 送至 SIM 卡。

复位信号来自 CPU，经 PM7540、R6012 送至 SIM 卡。

数据线是双向口，CPU 与 SIM 卡间的数据经 PM7540、R5503 双向传输。

注意：数据线的上拉电阻增强数据线的带负载能力。

SIM 卡的工作电源为 VREG_USIM，是由电源管理芯片 PM7540 产生的，连接到 SIM 卡座的 3、5 引脚。

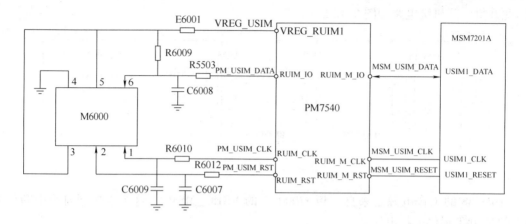

图 6-14　SIM 卡电路原理图

7. 蓝牙音频与铃音电路

两路立体声铃音信号来自 CPU，分别经 C4029 和 C4030 进入电源管理芯片 PM7540 的 SPKR_IN_L_P 和 SPKR_IN_R_M，同时这两路铃音信号传输路径也是蓝牙音频的传输通路，蓝牙音频与铃音电路如图 6-15 所示。

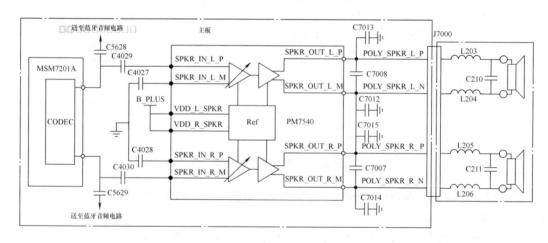

图 6-15　蓝牙音频与铃音电路

铃音信号在 PM7540 内部经过两级放大器放大（其中一级的增益是可调的），再由 SPKR_OUT_L_P、SPKR_OUT_L_M、SPKR_OUT_R_P 和 SPKR_OUT_R_M 输出，经连接器 J7000 输出给键盘板。在键盘板上，音频信号分别经过电感、电容组成的滤波器滤波后用来推动扬声器。

注意：PM 电路中两级放大器的工作电源是 VDD_L_SPKR 和 VDD_R_SPKR，这两路电源连接到 B_PLUS。

8. 耳机接口电路

耳机接口电路由检测电路、音频输入电路、音频输出电路和发送/结束电路组成，电路原理图如图 6-16 所示。

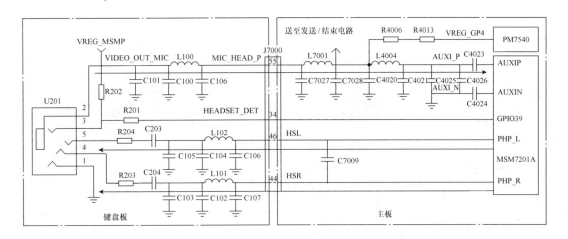

图 6-16　耳机接口电路原理图

（1）耳机检测电路

耳机插孔 U201 的 3 脚上通过一个上拉电阻连接到电源 VREG_MSMP 上，同时通过 R201、J7000 的 34 脚连接到 CPU 的 GPIO39 上。当没有耳机插入时 U201 的 3 脚是悬空的，U201 的 3 脚上电压等于 VREG_MSMP，GPIO39 的电压也就为高电平；当有耳机插入时 U201 的 3 脚与 U201 的 1 脚短接，所以 U201 的 3 脚电压为 0V，GPIO39 的电压为低电平。CPU 通过判断 GPIO39 的状态就能够判断是否有耳机插入。

（2）音频输入电路

VREG_GP4 通过 R4013、R4006、L7001、J7000 的 55 脚、L100，再通过耳机插孔 U201 的 2 脚为音频输入电路供电。同时 U201 的 2 脚也是音频输入电路输出音频信号的引脚，音频输入电路输出的音频信号经 L100、J7000 的 55 脚、L7001、L4004 后，变换成两路差分信号，经 C4023（隔直）、C4024（隔直）分别通过 AUXIP、AUXIN 脚进入 CPU 的 TX CODEC 电路，经过 A-D 转换后进行音频 DSP 处理。

（3）音频输出电路

音频信号由 CPU 的音频 DSP 处理产生，经 RX CODEC 电路 D-A 转换后立体声信号分别由 PHP_L 和 PHP_R 输出，分别经 J7000 的 46 脚、L102、C203、R204 连接到 U201 的 5 脚和 J7000 的 44 脚、L101、C204、R203 连接到 U201 的 4 脚，推动耳机的音频输出电路工作。

（4）发送/结束电路

VREG_GP4 通过 R4013、R4006 为音频输入电路提供电源。正常工作时 A 点电压为高电平，VT4001 的管子 1 导通，SNED_END_1（VT4001 的 6 脚）为低电平；VT4001 的管子 2 截止，SEND_END_0 为低电平。当发送/结束按键被按下时，在耳机的内部 U201 的 2 脚与 U201 的 1 脚短接，所以 A 点电压为 0V，VT4001 的管子 1 截止，SEND_END_1 为高电平；VT4001 的管子 2 导通，SEND_END_0 为高电平。SEND_END_1 和 SEND_END_0 分别连接到 CPU 的 GPIO37 和 GPIO38，CPU 就可以根据 SEND_END_1 和 SEND_END_0 的变化来判别是否发送/结束键被按下，电路原理图如图 6-17 所示。

9. 滑盖状态检测电路

滑盖是由霍尔元件及小磁铁来完成的，用于检测滑盖状态的霍尔元件 U400 在键盘板

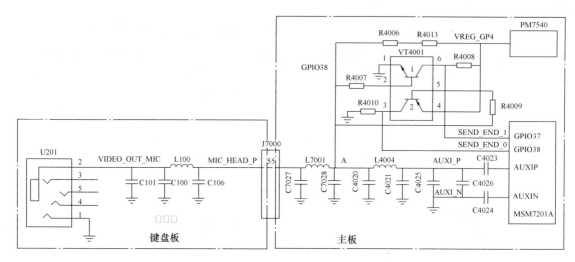

图 6-17 发送/结束电路原理图

上，当滑盖关闭时，滑盖上的磁铁距离 U400 很近，由于霍尔效应 U400 的 OUT1 输出高电平；当滑盖打开时，滑盖上的磁铁距离 U400 较远，使 U400 的 OUT1 输出低电平。滑盖状态检测电路如图 6-18 所示。

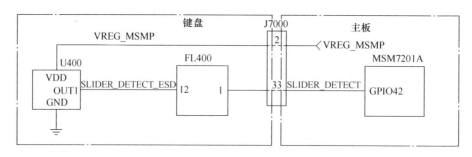

图 6-18 滑盖状态检测电路

U400 的 OUT1 脚输出变化的电平作为滑盖状态的检测信号 SLIDER_DETECT_ESD，经 FL400 滤波后由 J7000 的 33 脚进入主板并进入 CPU，CPU 就可以根据 SLIDER_DETECT_ ESD 的状态来判别滑盖的状态。

霍尔元件 U400 的工作电源是 J7000 的 2 脚的 VREG_MSMP。

10. 电子指南针电路

电子指南针的磁力传感器是芯片 AK8973S（U6200）。CPU 通过 I^2C 总线控制 U6200 的工作，CPU 输出的 DIG_COMP_RST_N 信号连接到 U6200 的 RSTN，作为 U6200 的复位信号。当 AK8973S 完成磁力测量后，由 INT 引脚向 CPU 发出中断请求。电子指南针电路如图 6-19所示。

VDD 是 AK8973S 传感器的供电电源，VID 是 AK8973S 的数字接口电源，Morrison 中两个引脚都被接到 VREG_MSMP 上。

11. 加速计电路

加速计电路的作用是测量重力加速度，也就是测量手机相对于地面的方向。加速计电路

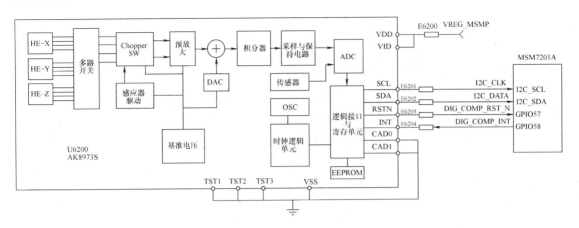

图 6-19　电子指南针电路

即 LIS331DLH（U6100）内部有一个三轴重力场传感器，它可以在 X、Y、Z 三个方向上测量重力加速度的方向（也就是相对地心的方向），进而得知芯片相对于地面的方向。传感器输出连接 X、Y、Z 三轴的重力加速度信路开关 MUX 后输出对应的表示 X、Y、Z 三个方向的加速度电信号，这个模拟电信号经放大后，再经 A-D 变换为数字信号，最后经 I^2C 总线传输给 CPU，加速计电路如图 6-20 所示。

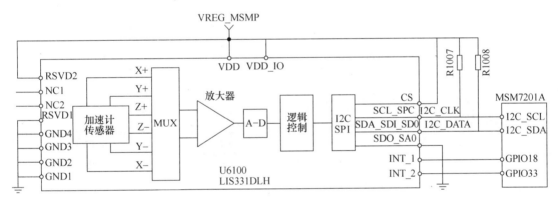

图 6-20　加速计电路

　　手机可以通过 I^2C 总线编程设置 3 个轴向的触发门限值，当某个轴向的重力加速度值超过门限值时，LIS331DLH 就会产生中断信号给 CPU，CPU 就可以通过 I^2C 总线读取相关信息。LIS331DLH 支持 I^2C 总线和 SPI 总线，但它们的引脚是共享的，CS 引脚用来决定芯片工作在 I^2C 还是 SPI。当 CS 为低电平时，芯片工作在 SPI 模式；当 CS 为高电平时，芯片工作在 I^2C 模式，在 I^2C 模式下 SDO_SA0 接地。

　　其中 LIS331DLH 芯片的 VDD 引脚为芯片内核供电，VDD_IO 引脚为芯片的 I/O 接口供电，两个引脚都被接到 VREG_MSMP 上。

　　12. 接近感应（Proximity）电路

　　Proximity 电路的作用是接近感应，当人体接近时能够被手机正确感知。Proximity 电路由 SFH7743（U10001）及外围电路构成。CPU 发出的使能信号 IR_PROX_EN 经 P7100 的 26

脚、R9605 和 J9602 到达耳机软板为感应电路提供电源。Proximity 电路如图 6-21 所示。

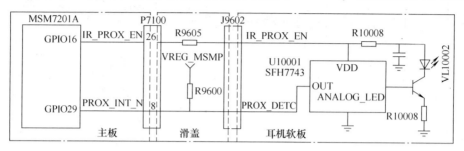

图 6-21 Proximity 电路

SFH7743 感应的结果由 OUT 引脚输出，经 J9602、P7100 反馈给 CPU（PROX_INT_N）。VREG_MSMP 通过 R9600 为 PROX_INT_N 提供上拉电压。

6.2.2 Morrison 射频电路

Morison 支持 850MHz、900MHz、1800MHz 和 1900MHz 四频段 GSM/GPRS 和三频段 UMTS（3G）操作。Morrison 有两种 UMTS 频段组合的产品，分别是 1-4-8 和 1-2-5 组合，UMTS 的频段划分见表 6-1。

表 6-1 UMTS 的频段划分

频　段	发射频率/MHz	接收频率/MHz	备　注
频段 1（Ⅰ）	1920～1980	2110～2170	UMTS2100
频段 2（Ⅱ）	1850～1910	1930～1990	UMTS1900
频段 3（Ⅲ）	1710～1785	1805～1880	UMTS1800
频段 4（Ⅳ）	1710～1755	2110～2155	UMTS1700
频段 5（Ⅴ）	824～849	869～894	UMTS850
频段 6（Ⅵ）	830～840	875～885	UMTS800
频段 7（Ⅶ）	2500～2570	2620～2690	UMTS2600
频段 8（Ⅷ）	880～915	925～960	UMTS900

下面以支持 1-4-8 的 Morrison 射频电路为例进行介绍，Morrison 射频电路框图如图 6-22 所示。

（一）接收电路

由于 Morrison 中 UMTS 的高频段采用了分集（Diversity）接收，接收信号来自两个不同的分集天线，Morrison 中相应地使用了两个天线开关 U001 和 U002。

1. GSM 接收电路

GSM 四个频段的接收信号来自主天线 M001，通过 R003 进入射频开关 U001 的 7 脚。在 CPU 发出的四个控制信号 ANTSW_SEL_CTLA ～ ANTSW_SEL_CTLD 的控制下，U001 选择 GSM1900MHz（19 脚）、GSM1800MHz（18 脚）、GSM900MHz（17 脚）和 GSM850MHz（16 脚）中的一路接通到 U001 的 7 脚，使接收信号进入希望的频段通道，GSM 接收前端电路如图 6-23 所示，控制信号真值表见图 6-23 右上角。

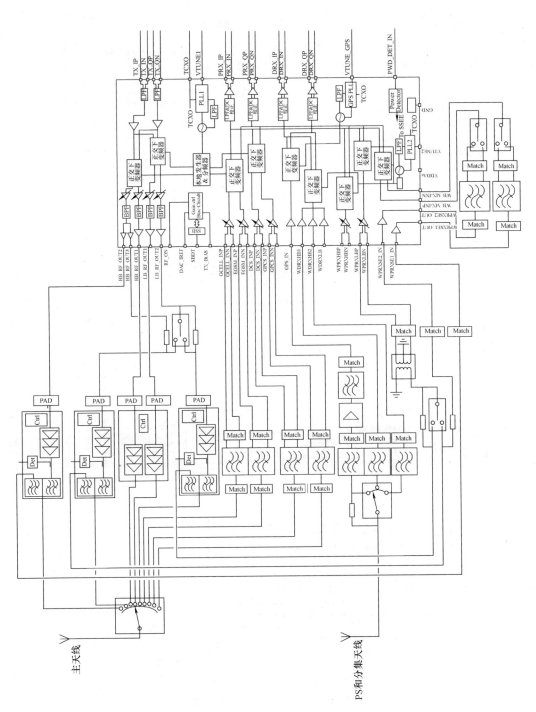

图 6-22 Morrison 射频电路框图

	CTLA	CTLB	CTLC	CTLD
GSM850MHz RX	L	H	L	L
GSM900MHz RX	L	H	H	L
GSM1800MHz RX	L	L	H	L
GSM1900MHz RX	L	L	L	L

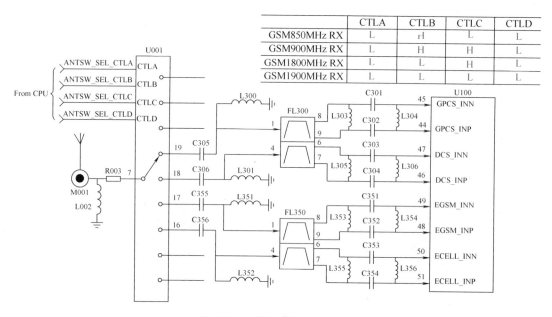

图 6-23　GSM 接收前端电路

GSM 信号进入相应频段的通路后首先经频段滤波器选择出有用频段的信号，并在频段滤波器内经不平衡-平衡变换，输出两路差分信号进入收发器芯片 RTR6285，如图 6-24 所示。

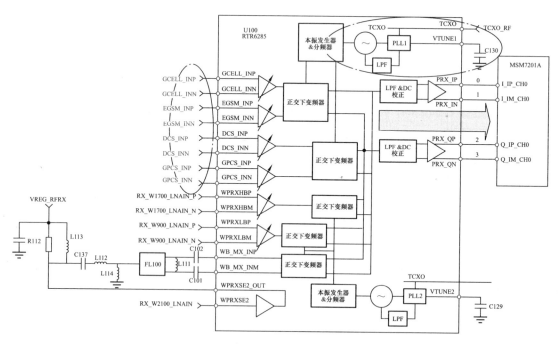

图 6-24　RTR6285 的 GSM 接收电路

GSM 信号进入 RTR6285 后首先由低噪声放大器（LNA）进行放大，然后经正交下变频和低通滤波后，将输入射频信号变换成中心频率为 0Hz 的模拟信号，经直流偏置（由直接变频接收机的 2 阶互调引起）矫正和低频放大后从 PRX_IP、PRX_IN、PRX_QP 和 PRX_QN 输出到 MSM7201A 进行数字解调、音频信号处理等数字信号处理。注意：PRX_IP 等四根数据线是 GSM 和 WCDMA 接收共享的，即 GSM 和 WCDMA 接收都使用这四根线作为接收数据线。

RTR6285 中四个 GSM 低噪声放大器的增益是可调的，都有 5 种不同的增益状态，由单线串行总线 SSBI（Single-line Serial Bus Interface）控制，GSM 信号在 RTR6285 内的增益见表 6-2。

表 6-2　RTR6285 的 GSM 信号通道增益

频　段	频率/MHz	增益/dB（方式 0）	增益/dB（方式 1）	增益/dB（方式 2）	增益/dB（方式 3）	增益/dB（方式 4）
GSM850MHz	869～894	72.5	58.5	41	29	11.5
GSM900MHz	925～960					
GSM1800MHz	1805～1880	74	58	42	26.5	10.5
GSM1900MHz	1930～1990					

GSM 接收机中混频器的本振信号来自 PLL1，如图 6-24 所示，其参考源是 TCXO（19.2MHz）时钟，PLL1 的外接引脚 VTUNE1 上的滤波电容可能会影响 PLL1 的环路带宽，进而影响 PLL1 的锁定时间和噪声性能。GSM 接收本振与 GSM 以及 WCDMA 的所有发射本振是共享的，都是 PLL1。GSM 接收相关的供电电源为：

1）VREG_RFTX：发射电路的工作电压（注意：有的是通过电阻连接到 RTR6285 的）。

2）VREG_RFRX：接收电路的工作电压（注意：有的是通过电阻连接到 RTR6285 的）。

3）VREG_MSMP：RTR6285 的 I/O 接口电压。

4）VREG_SYNTH：射频开关 U001 和 GPS 的前置低噪声放大器工作电压。

2. WCDMA BAND 1（WCDMA2100MHz）接收电路

WCDMA2100MHz 频段接收分为主接收和分集接收两路，主接收电路的信号来自主天线 M001，通过 R003 进入射频开关 U001 的 7 脚。当工作在 WCDMA2100MHz 频段时，CPU 发出的四个控制信号 ANTSW_SEL_CTLA～ANTSW_SEL_CTLD 分别为 H、H、H、L。射频开关 U001 接通 7 脚和 2 脚，使 WCDMA2100MHz 频段接收信号从 U001 的 2 脚输出，经 C500 进入双工器 FL500，再经 C107 和 C108 进入 RTR6285（U100）进行放大。双工器 FL500 的作用是分离 WCDMA2100MHz 的接收和发射信号，抑制发射信号对接收信号影响。WCDMA2100MHz 频段的接收前端电路如图 6-25 所示。

（1）WCDMA2100MHz 主接收电路

WCDMA2100MHz 主接收电路的信号从 WPRXSE2 脚进入 RTR6285，经 LNA 放大后从 WPRXSE2_OUT 输出，经外部电容 C137、电感 L112 和 FL100 后变成两路差分信号，再分别经 C101 和 C102 进入 RTR6285 的 WB_MX_INM 和 WB_MX_INP，正交下变频后与 GSM 通路合并，经低通滤波、直流偏置矫正、放大后，由 PRX_IP、PRX_IN、PRX_QP 和 PRX_QN 输出进入 MSM7201A 进行数字解调、音频处理等数字信号处理。WCDMA2100MHz 频段 RTR6285 接收电路如图 6-26 所示。

被 Morrison 用于 WCDMA2100MHz 频段接收的 RTR6285 LNA 有三种增益模式，由单线

串行总线 SSBI 控制，WCDMA2100MHz 频段 LNA 的增益见表6-3。

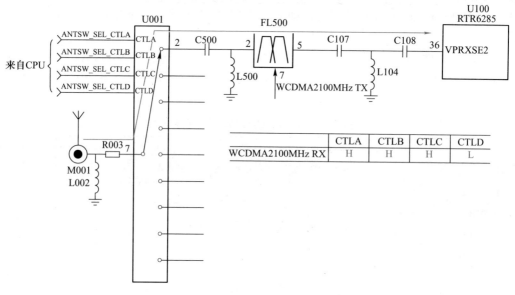

图 6-25　WCDMA2100MHz 频段的接收前端电路

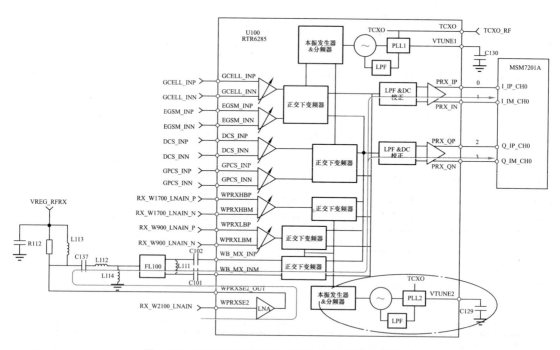

图 6-26　WCDMA2100MHz 频段 RTR6285 接收电路

表 6-3　WCDMA2100MHz 频段 LNA 的增益

	增益/dB（方式0）	增益/dB（方式1）	增益/dB（方式2）
功率增益	17	−5	−20

用于 WCDMA2100MHz 接收频段的下变频混频器有两种增益，由单线串行总线 SSBI 控制，见表 6-4。

表 6-4　WCDMA2100MHz 频段下变频混频器的增益

	高增益方式/dB	低增益方式/dB
电压转换增益	43	28

WCDMA 接收机混频器的本振信号来自 PLL2，如图 6-26 所示，其参考源是 TCXO（19.2MHz）时钟，PLL2 的外接引脚 VTUNE2 上的滤波电容可能会影响 PLL2 的环路带宽，进而影响 PLL2 的锁定时间和噪声性能。本振 PLL2 只用于 WCDMA 的接收，包括 WCDMA2100MHz、WCDMA1700MHz 和 WCDMA900MHz 频段。WCDMA900MHz 和 WCDMA1700MHz 的电路稍有不同，增益模式也有差别，但基本原理一致，具体请参考 Morrison 对应电路分析。WCDMA 接收相关的供电电源为：

1）VREG_RFTX：发射电路的工作电压（注意：有的是通过电阻连接到 RTR6285 的）。

2）VREG_RFRX：接收电路的工作电压（注意：有的是通过电阻连接到 RTR6285 的）。

3）VREG_MSMP：RTR6285 的 I/O 接口电压。

4）VREG_SYNTH：射频开关 U001 GPS 的前置 LNA 工作电压。

（2）WCDMA2100MHz 分集接收电路

WCDMA2100MHz 频段分集接收电路的信号来自第二路天线 M002，经 6 脚进入 U002，在来自 CPU 的 BAND_SEL_0 和 BAND_SEL_2 的控制下 U002 接通 6 脚和 2 脚，使 WCDMA2100MHz 分集接收信号通过 C040、FL040、C112 和 L105 进入 RTR6285 的 WDRXHB2 脚，WCDMA2100MHz 频段分集接收前端电路如图 6-27 所示，U002 的控制真值表见图 6-27 右下角。

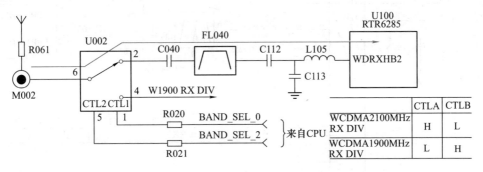

图 6-27　WCDMA2100MHz 频段分集接收前端电路

WCDMA2100MHz 分集接收信号进入 RTR6285 后，经 LNA 放大、正交下变频、滤波和模拟基带放大后由 DRX_IP、DRX_IN、DRX_QP 和 DRX_QN 输出给 MSM7201A 做数字信号处理，WCDMA2100MHz 频段分集接收 RTR6285 电路如图 6-28 所示。

3. WCDMA BAND 4（WCDMA1700MHz）接收电路

WCDMA1700MHz 频段的主接收电路的信号来自主天线 M001，通过 R003 进入射频开关 U001 的 7 脚。当工作在 WCDMA1700MHz 频段时，CPU 发出的四个控制信号 ANTSW_SEL_CTLA ～ ANTSW_SEL_CTLD 分别为 H、L、H、L。射频开关 U001 接通 7 脚和 20 脚，使

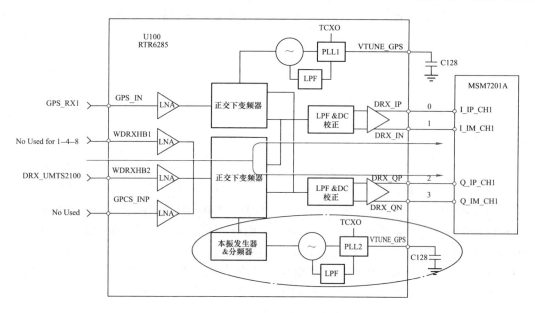

图 6-28　WCDMA2100MHz 频段分集接收 RTR6285 电路

WCDMA1700MHz频段接收信号从 U001 的 20 脚输出，经 C708、L700 进入双工器 FL700，差分输出分别经 L115 和 L116 进入 RTR6285 进行放大和下变频处理，WCDMA1700MHz 频段接收前端电路如图 6-29 所示。

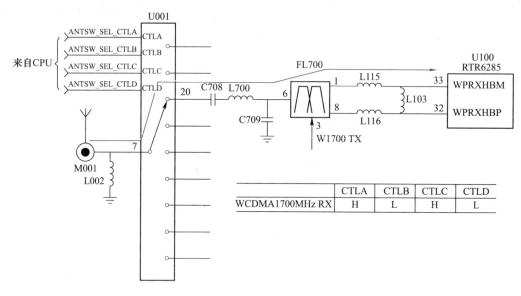

图 6-29　WCDMA1700MHz 频段接收前端电路

　　信号进入 RTR6285 后首先经 LNA 放大，再经正交下变频、低通滤波、放大后分别由 PRX_IP、PRX_IM、PRX_QP、PRX_QN 输出给 MSM7201A 进行数字解调等数字信号处理，WCDMA1700MHz 频段接收 RTR6285 电路如图 6-30 所示。

　　LNA 的增益可以通过单线串行总线 SSBI 控制，共有五种增益模式，WCDMA1700MHz 频段在 RTR6285 内的接收增益见表 6-5。

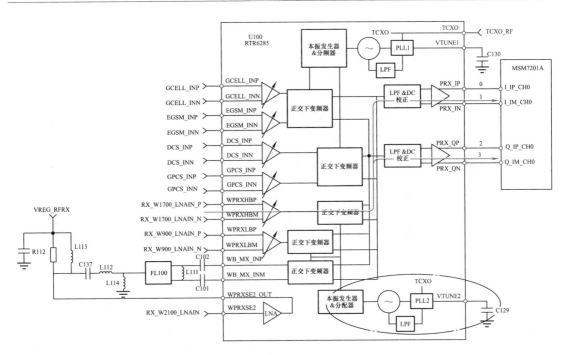

图 6-30　WCDMA1700MHz 频段接收 RTR6285 电路

表 6-5　WCDMA1700MHz 频段在 RTR6285 内的接收增益

	增益/dB（方式0）	增益/dB（方式1）	增益/dB（方式2）	增益/dB（方式3）	增益/dB（方式4）
电压转换增益	57	46	34	17	4

　　由于 BAND 4（WCDMA1700MHz）频段的接收频率为 2110～2155MHz，包含在 WCDMA 2100MHz频段的接收频率（2110～2170MHz）内，所以 Morrison 的 WCDMA1700MHz 频段分集接收电路与 WCDMA2100MHz 频段分集接收电路共享同一硬件电路，参考 W2100 的分集电路。

　　4. WCDMA BAND 8（WCDMA900MHz）接收电路

　　WCDMA900MHz 频段的主接收电路的信号来自主天线 M001，通过 R003 进入射频开关 U001 的 7 脚。在 CPU 发出的四个控制信号 ANTSW_SEL_CTLA～ANTSW_SEL_CTLD 的控制下，射频开关 U001 接通 7 脚和 4 脚，WCDMA1700MHz 频段接收信号从 U001 的 4 脚输出，经 C608、L601 进入双工器 FL600，差分输出分别经 L104 和 L103 进入 RTR6285 进行放大和下变频处理，WCDMA900MHz 频段接收前端电路如图 6-31 所示，四个控制信号的状态为 H、L、H、H，见图 6-31 右下角。

　　与 WCDMA1700MHz 频段相同，信号进入 RTR6285 后首先经 LNA 放大，再经正交下变频、低通滤波、放大后分别由 PRX_IP、PRX_IM、PRX_QP、PRX_QN 输出给 MSM7201A 进行数字解调等数字信号处理，WCDMA900MHz 频段接收 RTR6285 电路如图 6-32 所示。

　　注意：BAND1、BAND4 和 BAND8 使用了不同的 RTR6285 输入引脚、不同的 LNA 和正交下变频，但它们使用了相同的输出和本振。

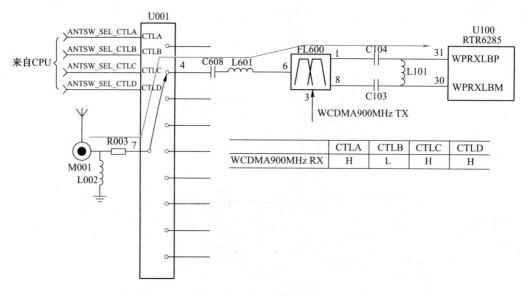

图 6-31　WCDMA900MHz 频段接收前端电路

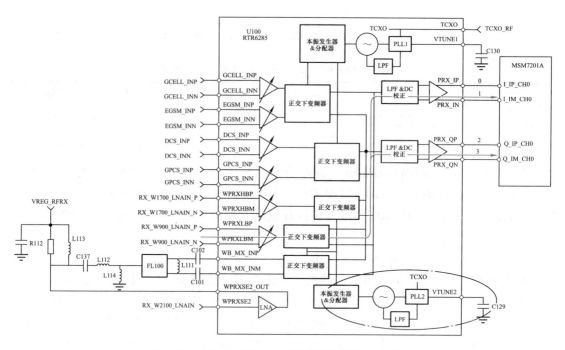

图 6-32　WCDMA900MHz 频段 RTR6285 接收电路

5. GPS 接收电路

GPS 信号来自键盘，键盘包括 GPS 天线和一个 LNA 电路。LNA 以 VT501 为核心构成，在来自 MSM7201A 的控制信号 GPS_LNA_E 的控制下 S500 将电源 VREG_SYNTH 接到 R502 上，R502、R501、R503 构成了放大管 VT501 的直流偏置电路，为 VT501 提供静态工作点。L500、L501 等构成匹配电路和射频信号的隔离，放大后的信号经 C507、R504 输出给主板上的 C116，GPS 接收机射频前端电路如图 6-33 所示。

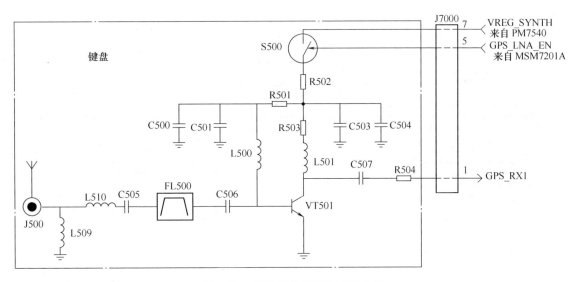

图 6-33　GPS 接收机射频前端电路

来自键盘的 GPS 信号经 C116、FL101、L107、C117 进入 RTR6285 进行放大、正交下变频，然后经低通滤波和放大后由 DRX_IP、DRX_IN、DRX_QP、DRX_QN 输出给 MSM7201A 做数字信号处理。GPS 接收机 RTR6285 电路如图 6-34 所示。

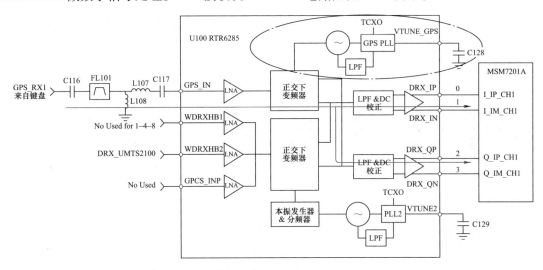

图 6-34　GPS 接收机 RTR6285 电路

（二）发射电路

发射基带数字信号由 MSM7201A 的 I_OUT_P、I_OUT_N、Q_OUT_P、Q_OUT_N 输出给接收/发射芯片 RTR6285，经低通滤波、放大后送入正交上变频混频器与本振信号混频后上变频到发射频率，再经可变增益放大器、带通滤波和固定增益放大器后输出，发射电路 RTR6285 如图 6-35 所示。

四个 GSM 频段被分成高低两路：GSM850MHz 与 GSM900MHz、DCS1800MHz 与 PCS1900MHz，分别使用 RTR6285 的 TX_GSM_LB 和 TX_GSM_HB。

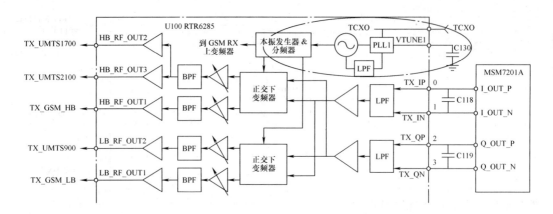

图 6-35　发射电路 RTR6285

三个 UMTS 频段由三个引脚输出，分别是：WCDMA2100MHz 由 HB_RF_OUT3 输出、WCDMA1700MHz 由 HB_RF_OUT2 输出、WCDMA900MHz 由 LB_RF_OUT2 输出。

RTR6285 内部发射增益控制是 MSM7201A 通过单线串行总线 SSBI 控制的。

1. GSM 发射电路

GSM 低频段（GSM850MHz 和 GSM900MHz）发射信号从 RTR6285 输出经 C126（隔直），R412、R413、R414 组成的衰减器后进入 GSM 功率放大器（U400），经三级放大后从 9 脚输出，经 L411、C404、U001 送入主天线（M001）。工作在 GSM 低频段时 U001 的四个控制信号的状态为 H、H、L、L，U400 的 GSM_PA_BAND 信号为低电平，GSM 发射电路如图 6-36 所示。

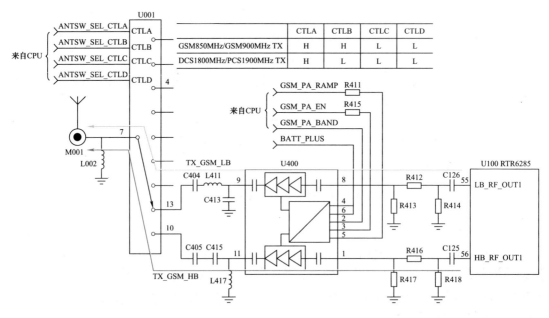

图 6-36　GSM 发射电路

GSM 高频段（DCS1800MHz 和 PCS1900MHz）发射信号从 RTR6285 输出经 C125（隔

直)，R416、R417、R418 组成的衰减器后进入 GSM 功率放大器，经三级放大后从 11 脚输出，经 L417、C405、U001 送入主天线（M001）。工作在 GSM 高频段时 U001 的四个控制信号的状态为 H、L、L、L，U400 的 GSM_PA_BAND 信号为高电平。

U400 工作时供电电源 BATT_PLUS 必须加到其 4、6 脚上，EN_TX（3 脚）必须为高电平，U400 的输出功率随 VRAMP（5 脚）的电平高低而变。

高低频段的两个衰减器分别衰减大约 9dB 和 6dB，频率特性如图 6-37 所示。

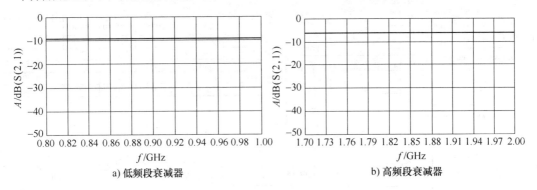

a) 低频段衰减器　　　　　　　　b) 高频段衰减器

图 6-37　衰减器的频率特性

2. WCDMA2100MHz 发射电路

WCDMA2100MHz 频段发射信号从 RTR6285 的 HB_RF_OUT3 输出，经 L109、C122、FL501、C504 从 2 脚进入 UMTS2100MHz 功率放大器（U501），放大后从 9 脚输出，再经 C512、C501、FL500、C500 和 U001 后从主天线 M001 辐射出去。工作在 WCDMA2100MHz 频段时 U001 的控制状态为 H、H、H、L。WCDMA2100MHz 发射电路如图 6-38 所示。

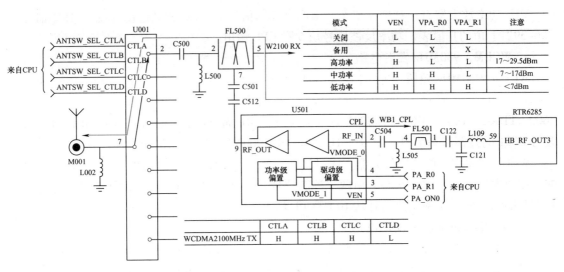

图 6-38　WCDMA2100MHz 发射电路

WCDMA2100MHz 的功率放大器工作时使能控制信号 VEN 必须为高电平。WCDMA 2100MHz 功率放大器有三种增益状态，由两个控制信号 PA_R0 和 PA_R1 控制，具体请参考图 6-38 右上角的真值表。功率反馈信号从 6 脚 CPL 输出。

3. WCDMA1700MHz 发射电路

WCDMA1700MHz 频段发射信号从 RTR6285 的 HB_RF_OUT2 输出，经 C170、R171、FL701、C703 从 2 脚进入 UMTS1700MHz 的功率放大器，放大后从 9 脚输出，再经 L702、C700、FL700、L700、C708 和 U001 后从主天线 M001 辐射出去。工作在 WCDMA1700MHz 频段时 U001 的控制状态为 H、L、H、L。WCDMA1700MHz 发射电路如图 6-39 所示。

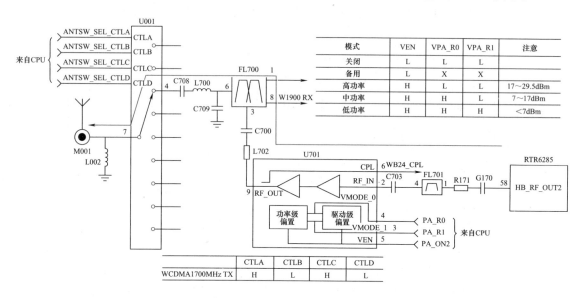

图 6-39 WCDMA1700MHz 发射电路

WCDMA1700MHz 的功率放大器工作时使能控制信号 VEN 必须为高电平，WCDMA1700MHz 功率放大器有三种增益状态，由两个控制信号 PA_R0 和 PA_R1 控制，具体请参考图 6-39 右上角的真值表，功率反馈信号从 6 脚 CPL 输出。

4. WCDMA 900MHz 发射电路

WCDMA900MHz 频段发射信号从 RTR6285 的 LB_RF_OUT2 输出，经 L163、R160、FL601、C603 从 4 脚进入 WCDMA900MHz 功率放大器，放大后从 7 脚输出，再经 R600、C600、FL600、L601、C608 和 U001 后从主天线 M001 辐射出去。工作在 WCDMA900MHz 频段时 U001 的控制状态为 H、L、H、H。WCDMA 900MHz 发射电路如图 6-40 所示。

WCDMA900MHz 的功率放大器工作时使能控制信号 VEN 必须为高电平，WCDMA900MHz 的功率放大器有三种增益状态，由两个控制信号 PA_R0 和 PA_R1 控制，具体请参见图 6-40 右上角的真值表，功率反馈信号从 10 脚 CPL 输出。

5. WCDMA 发射功率反馈电路

三个 WCDMA 频段的发射功率被各自功率放大器内部的定向耦合器取出部分发射功率，分别通过 R501、R601、R701 和路后经 R605、C136 进入 RTR6285 的功率检测电路，经检波、A-D 变换后变成数字信号经单线串行总线 SSBI 反馈给 MSM7201A，WCDMA 发射功率反馈电路如图 6-41 所示。

注意：反馈信号是经 R501、R601、R701 后和路的，所以若一路有问题则可能影响其他的功率放大器反馈。

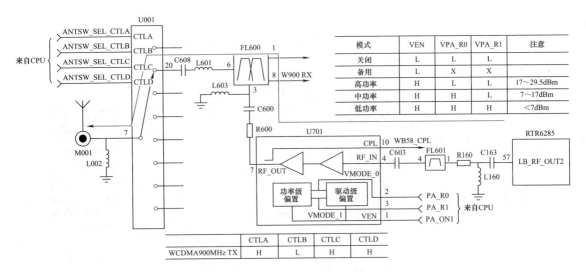

模式	VEN	VPA_R0	VPA_R1	注意
关闭	L	L	L	
备用	L	X	X	
高功率	H	L	L	17~29.5dBm
中功率	H	H	L	7~17dBm
低功率	H	H	H	<7dBm

	CTLA	CTLB	CTLC	CTLD
WCDMA900MHz TX	H	L	H	H

图 6-40　WCDMA900MHz 发射电路

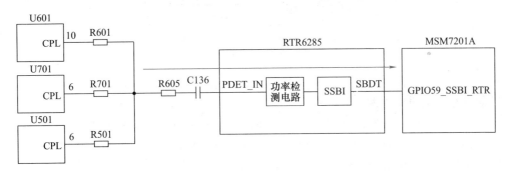

图 6-41　WCDMA 发射功率反馈电路

6. 射频相关的控制信号产生电路

接收和发射相关的控制信号都来自 MSM7201A，六个射频开关控制信号分别用于控制 U001 和 U002；三个 GSM 功率放大器控制信号分别是：功率控制信号 PA_RAMP、高低频段选择信号 GSM_PA_BAND、功率放大器使能信号 GSM_PA_EN；五个 WCDMA 功率放大器控制信号分别是：功率放大器增益控制信号 PA_R0、PA_R1（3 个功率放大器共用）、WCDMA2100MHz 频段功率放大器使能控制信号 PA_ON0、WCDMA1700MHz 频段功率放大器使能控制信号 PA_ON2、WCDMA900MHz 频段 PA 使能控制信号 PA_ON1。射频相关的控制信号如图 6-42 所示，在该图中没有包括 GPS 的控制信号。

DAC_IREF 是 TX DAC 参考电流，对发射数据的精度非常重要；TX_ON 为发射使能信号；SSBI0 是单线串行总线接口。

注意：

1）WCDMA900MHz 功率放大器的引脚分布与 WCDMA2100MHz 和 WCDMA1700MHz 的不同。三个 WCDMA 电路功率放大器的工作电源都是 B_PLUS，而 GSM 功率放大器的供电电源是 BATT_PLUS。

2）RTR6285 中所有发射用的本振都为 GSM 接收本振 PLL1，WCDMA 接收电路（包括

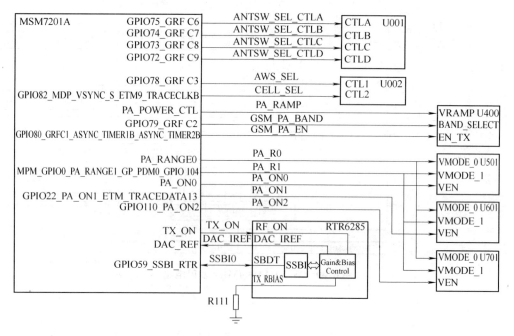

图 6-42　射频相关的控制信号

主接收电路和分集接收电路）本振是 PLL2，而 GPS 有一个独立的本振 GPS PLL。

7. 射频相关的供电电源

1）VREG_RFTX：发射电路工作电压（注意：有的是通过电阻连接到 RTR6285 的）。

2）VREG_RFRX：接收电路工作电压（注意：有的是通过电阻连接到 RTR6285 的）。

3）VREG_MSMP：RTR6285 的数字 I/O 电压。

4）VREG_SYNTH：射频开关 U001 和 GPS 的前置 LNA 工作电压。

5）BATT_PLUS：GSM 的功率放大器工作电压。

6）B_PLUS：WCDMA 的功率放大器工作电压。

习题六

1. 简单解释 Morrison 手机的充电电路的工作过程。

2. 介绍照相电路的控制信号和时钟信号。

3. 整理 Morrison 手机触摸屏电路和键盘电路的相关控制信号。

4. 列出 Morrison 手机 SIM 卡电路的控制信号，并简述不识卡故障的分析步骤。

5. 列出 Morrison 手机 UMTS 频段的收发频率范围。

6. 列出 Morrison 手机 GSM 四个 Band 接收状态时对应的 CPU 输出的控制信号的状态值。

7. 整理 Morrison 手机各发射频段相应的 CPU 输出至天线开关 U001 的控制信号状态。

8. 列出 Morrison 手机发射电路的控制信号。

项目七

Morrison手机故障分析

学习目标

◇ 了解 Morrison 手机常见故障类型；
◇ 掌握 Morrison 手机常见故障分析方法；
◇ 能够运用工作原理分析电路故障。

工作任务

◇ 了解 Morrison 手机故障排除方法；
◇ 了解 Morrison 手机硬件结构组成；
◇ 掌握 Morrison 手机电路图识图方法；
◇ 能运用 Morrison 手机电路原理进行故障分析。

任务一　Morrison 手机 CIT 电路故障分析

学习目标

◇ 了解 Morrison 手机 CIT 电路故障种类；
◇ 理解 Morrison 手机 CIT 电路故障分析方法。

工作任务

◇ 认识 Morrison 手机 CIT 电路常见故障现象；
◇ 掌握利用 CIT 电路工作原理进行故障分析的方法。

Morrison 手机 CIT 电路中各个子电路的工作原理在项目六中已进行了介绍，这里主要介绍 CIT 电路中显示电路、SIM 卡电路、照相电路、电子指南针电路的故障分析过程。

1. 显示电路故障分析

（1）显示电路常见故障现象

显示电路发生故障表现出的现象主要为无显示或显示异常，如显示白屏、显示字符倒置等。

（2）显示电路工作原理

显示电路工作原理参见 6.2.1 相关介绍。

（3）显示电路故障分析方法

因为显示驱动芯片及相关外围电路都不在主板上，所以维修相对简单。显示电路涉及的元器件只有连接器 P7100，滤波器 FL7101、FL7102、FL7104、FL7105、FL7106，另外包括 CPU 及电源芯片 PM7540。

分析的具体方法就是首先观察 P7100 是否有焊接缺陷和性能不良等；其次测量电压 VREG_MSME、VREG_GP2_MDDI 是否正常（2.85V），Morrison 手机主板上的电压测量位置如图 7-1 所示；然后测量 P7100 的 15、16、18、19、27、30 脚的对地电阻是否正常；最后判断 CPU 是否有问题。

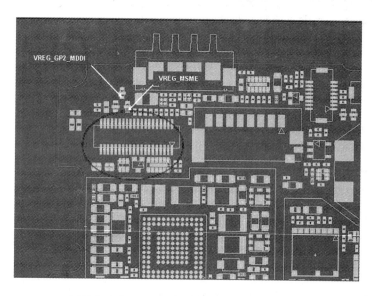

图 7-1　Morrison 手机主板上的电压测量位置

2. 照相电路故障分析

（1）照相电路常见故障现象

照相电路发生故障表现出的现象主要为照相功能异常和图片质量差。

（2）照相电路工作原理

照相电路工作原理参见 6.2.1 相关介绍。

（3）照相电路故障分析方法

从照相电路工作原理可知与照相相关的所有数据线、控制线和时钟都经过 J7000（摄像头座）直接与 CPU 相连，而电源 B_PLUS 和 VREG_MSME 也是通过 J7000 与手机的电源电路相连的。维修时 J7000 和 CPU 是分析重点。

1）首先检查 J7000 是否有外观缺陷和焊接工艺缺陷问题。主板上 J7000 位置如图 7-2 所示。

2）其次在 J7000 上测量 B_PLUS 和 VREG_MSME 是否存在。

3）然后，依次测量各数据线和控制线的对地电阻是否正常。

最后，如果各电压都正常，各数据线、控制线的对地电阻都正常，同时 J7000 没有外观缺陷和焊接工艺缺陷问题，那么就只会是 CPU 的问题或 PCB 电路主板开路了。

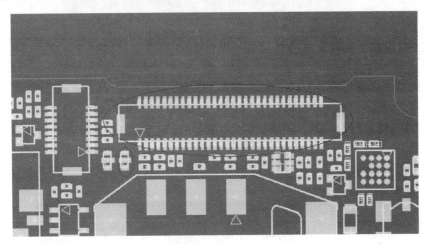

图 7-2　Morrison 手机主板上 J7000 位置

3. SIM 卡电路故障分析

（1）SIM 卡电路常见故障现象

SIM 卡电路发生故障表现出的现象主要为不识别卡。

（2）SIM 卡电路工作原理

SIM 卡电路工作原理参见 6.2.1 相关介绍。

（3）SIM 卡电路故障分析方法

首先采用观察法检查 SIM 卡座 M6000 是否有焊接、损坏、引脚歪斜等问题；其次采用电阻法，用万用表测量各引脚的对地电阻是否正常，如果不正常，检查与该引脚相连接的元器件；如果各引脚对地阻值没有明显异常，最后要采用测量法，在开机的瞬间用示波器的触发模式测量 VREG_USIM（卡电压信号）、PM_USIM_CLK（卡时钟信号）、PM_USIM_RST（卡复位信号）和 PM_USIM_DATA（卡数据信号）等信号是否正常，如果某信号不正常，要对该信号的产生和传输路径进行进一步诊断，逐次排除，直至确定故障原因。SIM 卡座 M6000 引脚名称和信号波形如图 7-3 所示。

4. 电子指南针电路故障分析

（1）电子指南针电路常见故障现象

电子指南针电路发生故障表现出的现象主要为电子指南针功能无效。

（2）电子指南针电路工作原理

电子指南针电路工作原理参见 6.2.1 相关介绍。

（3）电子指南针电路故障分析方法

主板上电子指南针电路相关信号如图 7-4 所示。

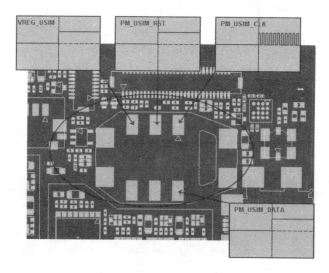

图 7-3 Morrison 手机主板上 SIM 卡信号测量

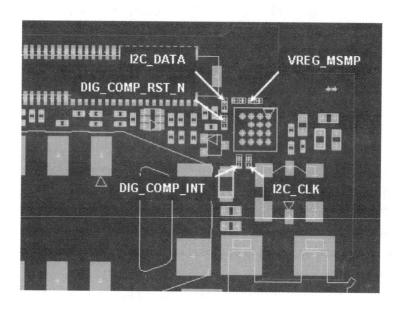

图 7-4 主板上电子指南针电路相关信号

首先，在 U6200 上测量 VREG_MSMP 电压是否正确，如果不正常，检查电源部分及供电通路上的相关元器件。

其次，检查其他使用 I²C 总线的功能是否正常，如果不正常，检查使用 I²C 总线的所有相关功能模块。

然后，测量 DIG_COMP_RST_N 信号是否正常。

最后，用示波器的触发模式测量是否有中断信号 DIG_COMP_INT 产生，这个中断信号是 RadioComm 软件读取电子指南针数据时产生的，所以要进行数据读取。如果没有则检查U6200，如果有则检查 CPU。

任务二　Morrison 手机 RF 电路故障分析

学习目标

◇ 了解 Morrison 手机 RF 电路故障种类；
◇ 掌握 Morrison 手机 RF 电路故障分析方法。

工作任务

◇ 认识 Morrison 手机 RF 电路常见故障现象；
◇ 掌握利用 RF 电路工作原理进行故障分析的方法。

（一）接收电路故障分析

1. GSM 频段接收

（1）测试项

Morrison 支持四个 GSM 频段，GSM 接收测试主要是为了增益校准，表 7-1 是 GSM850MHz 频段的部分接收测试项（取自实际生产测试）。

表 7-1　GSM850MHz 频段的部分接收测试项

测试代码	测试描述	测试通过是/否	测试结果	测试下限值	测试上限值
GCR10128	G850_GAIN_1_RX_COMP_CHAN_128	P	2251	2000	2500
GCR10145	G850_GAIN_1_RX_COMP_CHAN_145	P	2258	2000	2500
GCR10163	G850_GAIN_1_RX_COMP_CHAN_163	P	2243	2000	2500
GCR10180	G850_GAIN_1_RX_COMP_CHAN_180	P	2233	2000	2500
GCR10198	G850_GAIN_1_RX_COMP_CHAN_198	P	2235	2000	2500
GCR10215	G850_GAIN_1_RX_COMP_CHAN_215	P	2242	2000	2500
GCR10233	G850_GAIN_1_RX_COMP_CHAN_233	P	2247	2000	2500
GCR10251	G850_GAIN_1_RX_COMP_CHAN_251	P	2234	2000	2500

表 7-1 测试描述中的"1"代表 RFR6285 芯片中可调增益放大器的增益为 1，可调增益放大器共有 5 种增益值，诸如此类，后续测试描述"1"分别由 2、3、4、5 表示，代表 RFR6285 芯片中可调增益放大器的另外 4 种增益，测试描述中最后的数值代表测试信道号。

（2）GSM 频段接收电路原理

GSM 频段接收电路原理参见 6.2.2 相关介绍。

（3）RadioComm 参数设置

GSM 频段接收 RadioComm 参数设置共分为 6 个步骤，主要包括选择工作方式、选择频段、设置信道、设置低噪声放大等级、选择获取增益和读取 RSSI 数值，具体内容如图 7-5 所示。

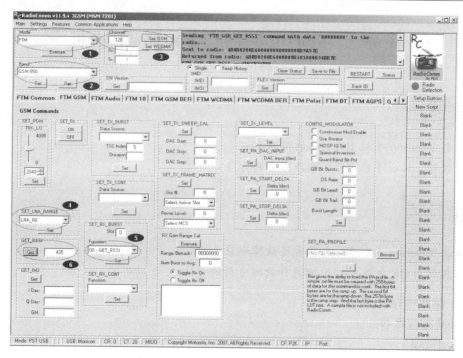

图 7-5 GSM 频段接收 RadioComm 参数设置

（4）GSM 频段接收故障分析

接收机的测量分析方法都是一样的，即设置接收机进入某一频段、某一信道的接收状态，从射频接口（RF Connector）注入该频段、该信道的一定强度的（手机测量通常用－30dBm）信号源，然后从射频接口到接收芯片或从接收芯片到射频接口进行逐级测量。以GSM850MHz 频段为例，前端接收电路如图 6-23 所示，从 M001 注入射频信号、设置 Radio-Comm 后，用频谱分析仪分别测量 R003、C356 以及 C353、C354 两端的信号强度，如果某级变小，说明该级存在问题或前后级匹配有问题。另外注意测量控制信号和供电电压是否正确，Morrison 主板上标注了信号流向及相关控制信号、供电电压名称，如图 7-6 所示。

说明：

测量的目的是缩小缺陷的范围，减少换件的数量，从而减少工作量和节约成本。GSM接收机的本振是与所有发射电路是共享的，所以只要有一个频段有发射输出，GSM 接收机的本振电路就应该是正常的，至少频率是正常的；GSM 接收机的 I/Q 数据线与 WCDMA 接收机的 I/Q 数据线是共享的，所以只要有一个 WCDMA 频段的接收正常，I/Q 数据线和 CPU的 DSP 部分就没有问题（不能保证控制部分没有问题）。分析 GSM 接收机故障时要注意检查一下其他相关频段的接收和发射是否正常，以缩小分析的范围。

2. WCDMA 频段接收

（1）测试项

如前所述，Morrison 可以支持多个 WCDMA 频段，这里以 Morrison 手机支持 WCDMA2100MHz、WCDMA1700MHz 和 WCDMA900MHz 频段为例介绍。WCDMA 接收机的测试项主要包括 IM2、直流偏移、DVGA 和增益补偿，表 7-2 列出了 WCDMA2100MHz 的接收机部分测试项（取自实际生产测试）。

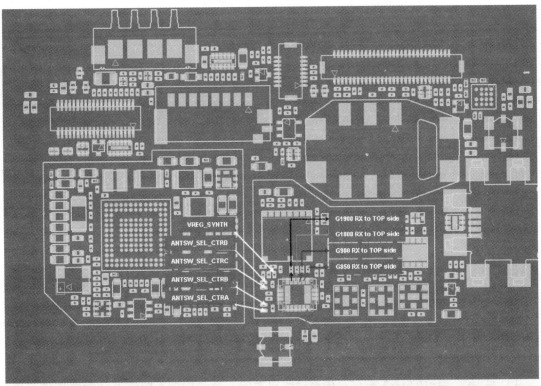

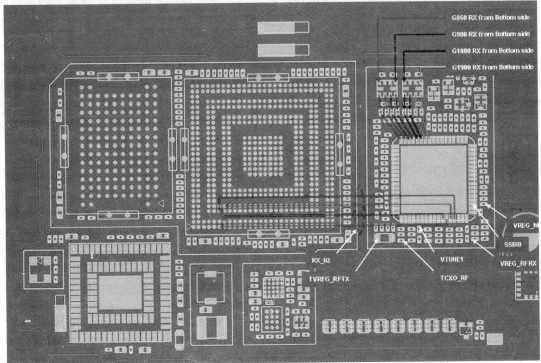

图 7-6　Morrison 主板上 GSM 频段接收信号流向及相关控制信号和供电电压

表 7-2　WCDMA2100MHz 的接收机部分测试项

测试代码	测试描述	测试通过是/否	测试结果	测试下限值	测试上限值
WCRL1101	W21_RX_LNA1_PM_1_CHAN_01	P	−16	−150	150
WCRL1102	W21_RX_LNA1_PM_1_CHAN_02	P	−9	−150	150
WCRL1103	W21_RX_LNA1_PM_1_CHAN_03	P	−3	−150	150
WCRL1104	W21_RX_LNA1_PM_1_CHAN_04	P	2	−150	150
WCRL1105	W21_RX_LNA1_PM_1_CHAN_05	P	7	−150	150
WCRL1106	W21_RX_LNA1_PM_1_CHAN_06	P	7	−150	150
WCRL1107	W21_RX_LNA1_PM_1_CHAN_07	P	3	−150	150
WCRL1108	W21_RX_LNA1_PM_1_CHAN_08	P	0	−150	150
WCRL1109	W21_RX_LNA1_PM_1_CHAN_09	P	−8	−150	150
WCRL1110	W21_RX_LNA1_PM_1_CHAN_10	P	−12	−150	150
WCRL1111	W21_RX_LNA1_PM_1_CHAN_11	P	−17	−150	150
WCRL1112	W21_RX_LNA1_PM_1_CHAN_12	P	−22	−150	150
WCRL1113	W21_RX_LNA1_PM_1_CHAN_13	P	−23	−150	150
WCRL1114	W21_RX_LNA1_PM_1_CHAN_14	P	−28	−150	150
WCRL1115	W21_RX_LNA1_PM_1_CHAN_15	P	−31	−150	150
WCRL1116	W21_RX_LNA1_PM_1_CHAN_16	P	−33	−150	150
WCRL1REF	W21_RX_LNA_1_REF	P	262	230	340

1）对 16 个信道的 LNA 测试是校准接收机对同一个频段、不同信道（频率）的接收信号的响应数据，也就是接收机的频率响应。它测量的是各个信道的接收强度相对于参考信道的差别。

2）参考（REF）信道的 LNA 测试是在参考信道上对接收通道的电路校准，校准的是从接收天线到手机 DSP 之间的电路对接收信号的插入损耗。LNA 测试还包括 LNA2、LNA3 两种增益补充测试。

3）这里需要说明的是 IM2，它测试的是接收机 2 阶互调，考察的是接收机的线性。接收机在接收大信号时通常会产生较强的非线性，如果有两个能够通过接收频带的信号进入接收机，假设这两个信号的频率分别为 ω_1 和 ω_2，由于接收机的非线性会产生一个 $|\omega_1 - \omega_2|$ 的信号。因为现在的手机接收机都采用了直接变频接收机（0 中频接收机），如果这两个信号的频率比较接近，$|\omega_1 - \omega_2|$ 就会落入 0 中频的通带内，干扰有用信号。如果干扰信号的频率正好等于本振信号的频率，就会产生频率为 0 的直流分量（DC Offset）。测试项 IM2 的目的就是对在射频前端产生的 2 阶互调进行校准。2 阶互调频谱如图 7-7 所示。

图 7-7　2 阶互调频谱

（2）WCDMA 频段接收电路原理

WCDMA 频段接收电路原理参见 6.2.2 相关介绍。

（3）RadioComm 参数设置

WCDMA 频段接收 RadioComm 参数设置可以参考 GSM 频段接收 RadioComm 参数设置，注意频段选择。

（4）WCDMA 频段接收故障分析

设置接收机进入某一频段、某一信道的接收状态，从 RF Connector 注入该频段、该信道的一定强度的（手机维修测量通常用-30dBm）信号源，然后从 RF Connector 到接收芯片或从接收芯片到 RF Connector 进行逐级测量。参考 GSM 接收机的测量方法，这里不再重复。使用连续（CW）信号作为信号源，原因是 WCDMA 信号带宽太宽，用频谱分析仪不容易测量准确的幅度，而 CW 信号带宽很窄容易准确测量信号的幅度。另外注意测量控制信号和供电电压是否正确，相关控制信号、供电电压名称可参考图 7-6。

说明：

测量的目的是缩小缺陷的范围，减少换件的数量，从而减少工作量和节约成本。WCDMA 所有频段的接收电路都使用同一个本振源，分析时注意检查其他 WCDMA 频段的接收是否正常，如果正常则 WCDMA 的接收本振电路就应该是正常的，至少频率是正常的；从天线到双工器，同一个频段的 WCDMA 接收电路和发射电路是共用的，因此如果同一频段的信号发射正常，相应的双工器到天线部分的电路就应该没有问题；WCDMA 接收机的 I/Q 数据线与 GSM 接收机的 I/Q 数据线是共享的，如果 GSM 接收没有问题，I/Q 数据线和 CPU 的 DSP 部分应工作正常（当然不能排除控制电路没有问题）。分析 WCDMA 接收故障时要注意检查一下其他相关频段的接收和发射，以缩小分析的范围。

（二）发射电路故障分析

1. GSM 频段发射

（1）测试项

发射电路支持四个 GSM 频段，所以测试也分四个频段。表 7-3 是 GSM900MHz 频段的部分发射测试项列表。

表 7-3　GSM900MHz 频段的部分发射测试项

测试代码	测试描述	测试通过是/否	测试结果	测试下限值	测试上限值
GGTPH032	GSM_900_TX_POLAR_MX_POW_DAC_HI_CH	P	12680	10300	16000
GGTPH0PF	GSM_900_TX_POLAR_SWEEP_HI_CH_MAIN	P	0	0	0
GGTPH0TT	GSM_900_TX_POLAR_HI_CH_TEST_TIME_MAIN	P	0.751	0	1000
GGTPL032	GSM_900_TX_POLAR_MX_POW_DAC_LO_CH	P	11915	10300	16000
GGTPL0PF	GSM_900_TX_POLAR_SWEEP_LO_CH_MAIN	P	0	0	0
GGTPL0TT	GSM_900_TX_POLAR_LO_CH_TEST_TIME_MAIN	P	0.721	0	1000
GGTPM032	GSM_900_TX_POLAR_MX_POW_DAC_MID_CH	P	11915	10300	16000
GGTPM0PF	GSM_900_TX_POLAR_SWEEP_MID_CH_MAIN	P	0	0	0
GGTPM0TT	GSM_900_TX_POLAR_MID_CH_TEST_TIME_MAIN	P	0.751	0	1000

（2）GSM 频段发射电路原理

GSM 频段接收电路原理参见 6.2.2 相关介绍。

（3）RadioComm 参数设置

GSM 频段发射 RadioComm 参数设置如图 7-8 所示，共分为 6 个步骤。首先选择工作方式、选择频段、设置信道、选择功率等级、设置发射基准频率以及打开发射状态等。

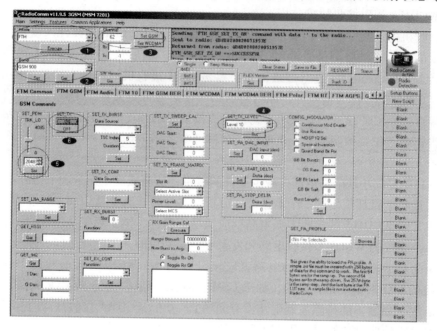

图 7-8　GSM 频段发射 RadioComm 参数设置

（4）GSM 频段发射故障分析

手机开始发射后逐级测量发射信号的功率，判断有故障的单元电路，测量工作电压、控制信号，然后换件。主板上 GSM 频段发射相关的信号流程、工作电压和控制信号如图 7-9 所示。需要注意的是因为 GSM 信号是 TDMA 信号，控制信号 EN_TX 和 VRAMP 也都是大约 217Hz 的脉冲，测量时必须用示波器而不能用万用表。VRAMP 脉冲的大小控制 PA（功率放大器）的输出功率。

2. WCDMA 频段发射

（1）测试项

WCDMA 频段的发射测试项过多，这里不便列出。其测试原理与其他产品相近，基本上是在参考信道上进行校准，确定发射通道的 Power-DAC（功率控制数据）曲线，然后在几个信道上比较整个频段的频率响应与这一曲线的啮合状态。

（2）WCDMA 频段发射电路原理

WCDMA 频段发射电路原理参见 6.2.2 相关介绍。

（3）RadioComm 参数设置

WCDMA 频段发射 RadioComm 参数设置如图 7-10 所示，共分为七个步骤。首先选择工作方式、选择频段、设置信道、设置功率放大范围、设置载波形状、设置发射增益以及打开发射状态。

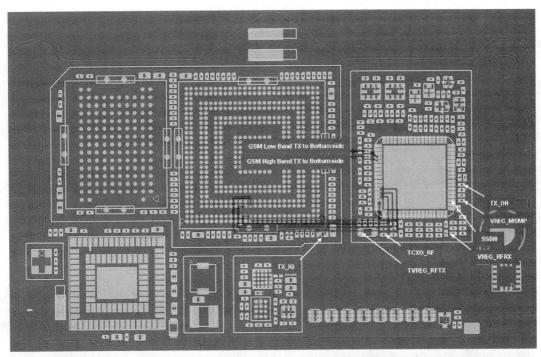

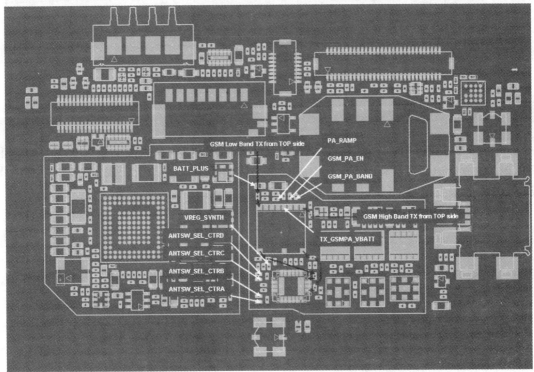

图 7-9　GSM 频段发射相关的信号流程、工作电压和控制信号

（4）WCDMA 频段发射故障分析

手机开发射后逐级测量发射信号的功率，判断有故障的单元电路，测量工作电压、控制

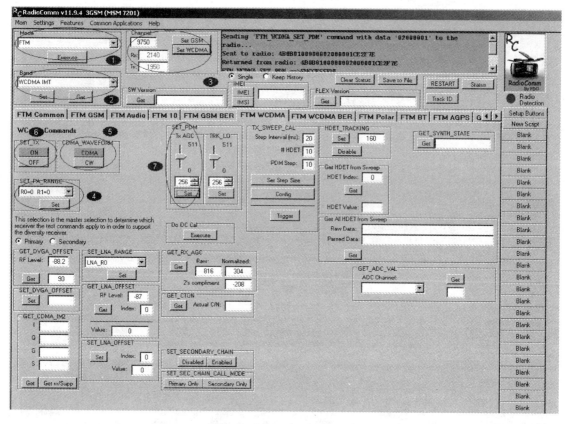

图 7-10　WCDMA 频段发射 RadioComm 参数设置

信号，然后更换相关部件。

说明：

所有发射共用相同的 I/Q 通路，如果某个 GSM 或 WCDMA 频段的发射正常，CPU 和 RTR6285 的 I/Q 电路就没有问题。所有发射都共用相同的本振信号，所以只要有一个 GSM 或 WCDMA 频段发射正常，本振信号就没有问题。

习题七

1. 列举 Morrison 手机显示电路常见故障现象并描述无显示故障的分析方法。

2. 叙述并分析 Morrison 手机照相电路故障的思路。

3. Morrison 手机 SIM 卡故障的分析方法主要有哪几种？简单描述不识卡故障检修步骤。

4. 简述 Morrison 手机电子指南针电路的故障分析方法。

5. 简述 WCDMA 频段接收电路故障分析方法。

6. 简述 GSM 频段发射电路故障分析方法。

附 录

附录A　手机日常生产流程报告格式

手机日常生产流程报告

日期　　　＿＿＿＿＿＿＿＿＿＿＿

班次　　　＿＿＿＿＿＿＿＿＿＿＿

生产线　　＿＿＿＿＿＿＿＿＿＿＿　（填写前线或后线）

产品名称/型号　＿＿＿＿＿＿＿＿＿

生产线	生产流程		
前线			
生产线负责人（签名）		时间	
后线			
生产线负责人（签名）		时间	

附录 B　手机故障检修报告格式

故障检修任务单

故障检修任务单：ы	项目名称：_____
	任务名称：_____
	使用设备：
故障种类：_____	
故障现象：	
教师评价：_____	维修工具：
指导教师：_____	
故障检修人员：_____	
故障检修日期：_____	

故障分析和诊断步骤：	故障诊断（测试）数据：
故障原因：_____	检修心得：_____

故障检修实训报告

姓名/学号		日期/时间		地点	
设备名称				指导教师	
实训项目名称					
实训目的 技能目标					

实训准备：

过程记录（即测量结果，包括波形和数据）：

实训心得：

教师评价：

签名：　　　　　　　年　　月　　日

附录 C 手机常用中英文对照

英文简称	英文全称	中文
ACCH/ACC	Associated Control Channel	随机接入控制信道
A-D	Analog-to-Digital	模-数转换
AFC	Automatic Frequency Control	自动频率控制
AGC	Automatic Gain Control	自动增益控制
AMPS	Advanced Mobile Phone System	高级移动电话系统
ANT	Antenna	天线
AOC	Automatic Output Control	自动输出控制
AOC-DRIVER	Automatic Output Control Driver	自动输出控制驱动
APC	Automatic Power Control	自动功率控制
ATC	Analog Traffic Control	模拟发射控制
BCCH	Broadcast Control Channel	广播控制信道
BER	Bit Error Rate	误码率
BT	BlueTooth	蓝牙
CDMA	Code Division Multiple Access	码分多址
CI	Communication Interface	通信接口
Ch	Channel	信道
CRC-CHARGC	Cyclic Redundancy Check Charge Control	循环冗余校验-充电控制
CE	Chip Enable	芯片使能
DAC	Digital/Analog Converter	数字/模拟转换器
DCS-SEL	DCS Select	DCS 选择
DCS	Digital Communication System	数字通信系统
DM-CS	Digital Modulation-Chip Select	数字调制片选
DRX	Discontinuous RX	不连续接收
DSP	Digital Signal Processor	数字信号处理器
DTX	Discontinuous TX	不连续发射
DTC	Digital Traffic Channel	数字传输信道
EGSM	Extended Global System for Mobile Communications	扩展全球移动通信系统
ESN	Electronic Serial Number	电子串行号
FACCH	Fast Associated Control Channel	快速接入控制信道
GPIO	General Purpose Input/Output	通用输入/输出
GPRS	General Packet Radio Service	通用分组无线业务
GSM	Global System for Mobile Communications	全球通信系统
HPF	High Pass Filter	高通滤波器
IC	Integrated Circuit	集成电路

IMEI	International Mobile Station Equipment Identity	国际移动台设备识别码
INT	Interrupt	中断
LED	Light Emitting Diode	发光二极管
LNA	Low Noise Amplifier	低噪声放大器
LO	Local Oscillator	本机振荡
LPF	Low Pass Filter	低通滤波器
MCC	Mobile Country Code	移动国家码
MCU	Micro Controller Unit	微处理器单元
MS	Mobile Station	移动台
PA	Power Amplifier	功率放大器
PCS	Personal Communication System	个人通信系统
PGSM	Primary Global System for Mobile Communications	初级全球移动通信系统
RACH	Random Access Channel	随机接入信道
RF	Radio Frequency	射频
RSSI	Received Signal Strength Indication	接收信号强度指示
Rx	Receive	接收
R-W	Read-Write	读-写
SAT-DETECT	Saturation-Detect	饱和检测
SDTX（BDX）	Serial Data TX（Bit Data TX）	串行数据发射（比特数据发射）
SDFS（BFSR）	Serial Data Frame RX（Bit Frame Serial RX）	串行数据帧接收（比特帧接收）
SDRX（BDR）	Serial Data RX（Bit Data RX）	串行数据接收（比特数据接收）
SPI	Serial Peripheral Interface	串行外围接口
TCH	Traffic Channel	业务信道
TCI	Test Control Interface	测试控制接口
TDMA	Time Division Multiple Access	时分多址
TN	Time Slot Number	时隙号
Tx	Transmit	发射
USB	Universal Serial Bus	通用串行总线
VIB	Vibrator	振子（电动机）
VCO	Voltage Control Oscillator	压控振荡器
WCDMA	Wideband Code Division Multiple Access	宽带 CDMA

参考文献

［1］金明. 通信终端设备维修［M］. 北京：机械工业出版社，2008.

［2］陈子聪. 手机维修技能实训［M］. 北京：人民邮电出版社，2008.

［3］陈良. 手机原理与维护［M］. 西安：西安电子科技大学出版社，2004.

［4］刘南平. 手机原理与维修［M］. 北京：北京师范大学出版社，2008.

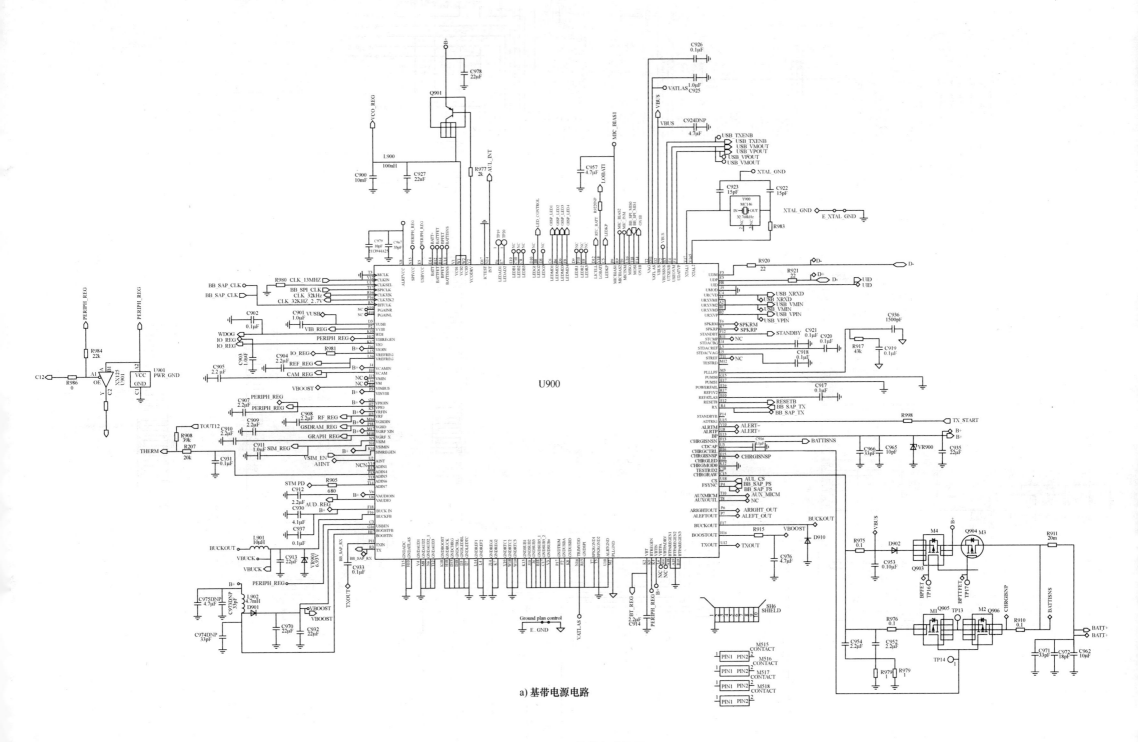

a) 基带电源电路

图 5-31　L7 手机基带电路框图

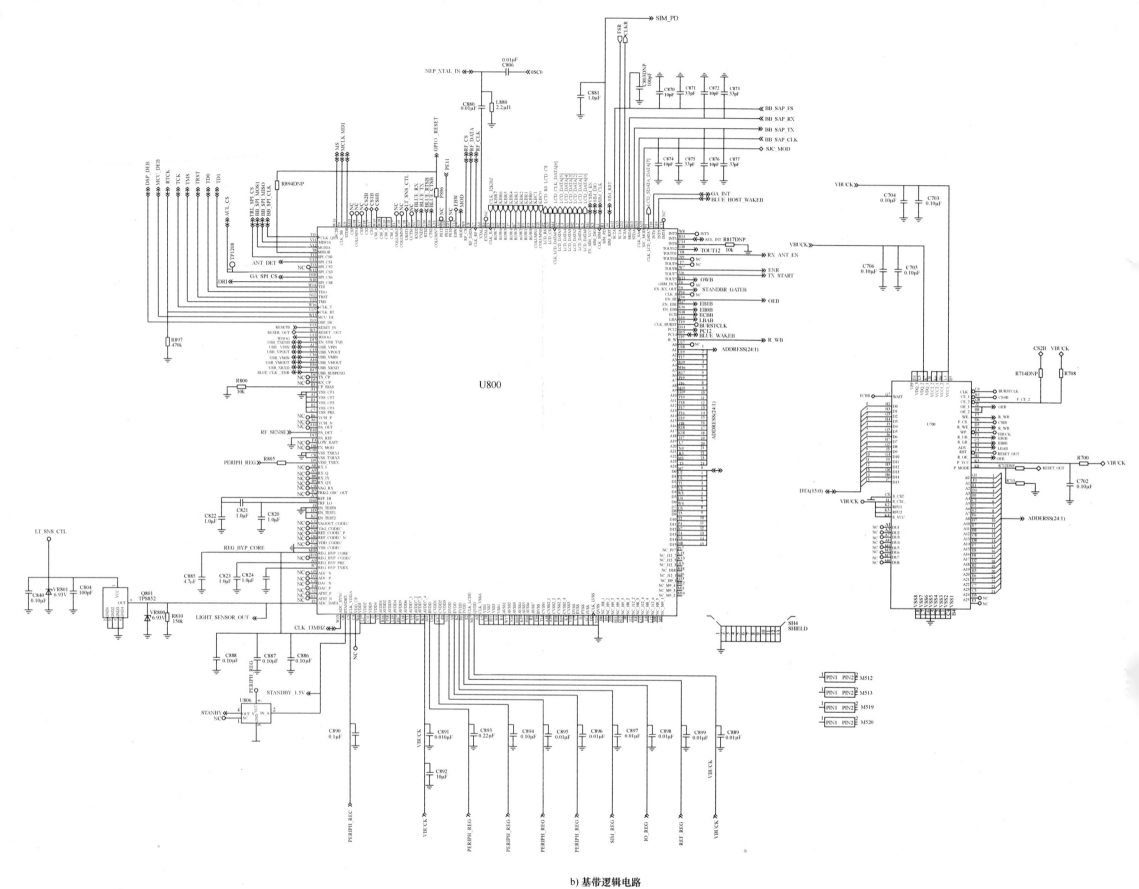

b) 基带逻辑电路

图 5-31　L7 手机基带电路框图　(续)

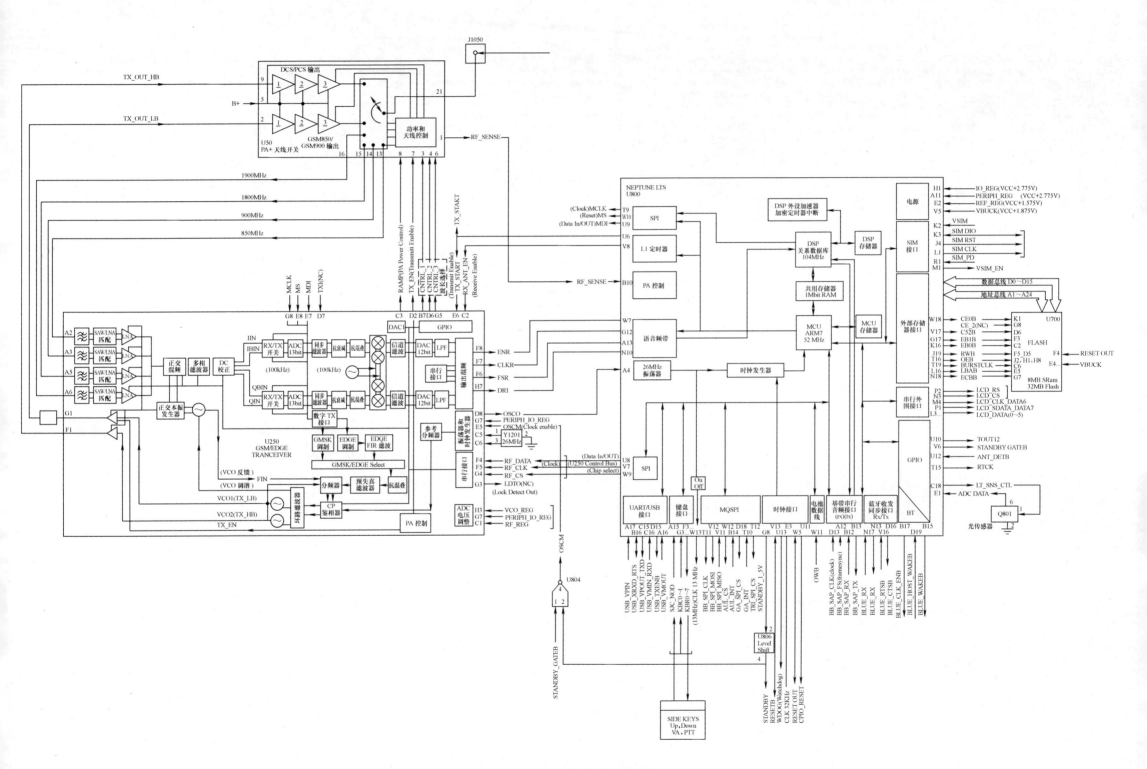

图 5-37　L7 手机接收/发射电路框图